智能网联汽车专业“岗课赛证”融通活页式创新教材

Python人工智能技术与应用

组编　行云新能科技（深圳）有限公司

主编　邓剑勋　王　勇

参编　吴立新　陈红阳　李　丹

赵丽娜　罗　敏　张文娟

机械工业出版社

本书主要内容分为对人工智能与自动驾驶的基本认知、掌握 Python 人工智能的基础应用、掌握机器学习技术的基础应用、掌握基于深度学习的计算机视觉技术应用、掌握基于深度学习的自然语言处理技术应用和掌握基于深度学习的语音处理技术应用 6 个能力模块，并下设 20 个任务。全书以“做中学”为主导，以程序性知识为主体，配以必要的陈述性知识和策略性知识，重点强化“如何做”，将必要知识点穿插于各个“做”的步骤中，边学习、边实践，同时将“课程思政”融入课程的培养目标，在实训教学中渗透理论的讲解，使所学到的知识能够融会贯通，让学生具有独立思考、将理论运用于实践的动手能力，成为从事智能网联汽车相关工作的高素质技能型专业人才。

本书内容通俗易懂，可作为职业院校新能源汽车技术、智能网联汽车技术、智能网联汽车工程技术等相关专业的教材，也可供从事相关专业工作的工程技术人员阅读参考。

图书在版编目（CIP）数据

Python人工智能技术与应用 / 行云新能科技（深圳）有限公司组编；邓剑勋，王勇主编. —北京：机械工业出版社，2024.3（2025.1重印）
智能网联汽车专业“岗课赛证”融通活页式创新教材
ISBN 978-7-111-75380-3

Ⅰ. ①P… Ⅱ. ①行… ②邓… ③王… Ⅲ. ①软件工具－程序设计－教材
Ⅳ. ①TP311.561

中国国家版本馆CIP数据核字（2024）第056918号

机械工业出版社（北京市百万庄大街22号　邮政编码100037）
策划编辑：谢　元　　　　责任编辑：谢　元
责任校对：梁　园　宋　安　　封面设计：马精明
责任印制：郜　敏
中煤（北京）印务有限公司印刷
2025年1月第1版第2次印刷
184mm × 260mm · 14.5印张 · 321千字
标准书号：ISBN 978-7-111-75380-3
定价：59.90元

电话服务　　　　　　　　　网络服务
客服电话：010-88361066　　机　工　官　网：www. cmpbook. com
　　　　　010-88379833　　机　工　官　博：weibo. com/cmp1952
　　　　　010-68326294　　金　书　网：www. golden-book. com
封底无防伪标均为盗版　　　机工教育服务网：www. cmpedu. com

智能网联汽车专业“岗课赛证”融通活页式创新教材

丛书编审委员会

资源说明页

本书附赠 14 个微课视频，总时长 99 分钟。

获取方式：

1. 微信扫码（封底“刮刮卡”处），关注“天工讲堂”公众号。
2. 选择“我的”—“使用”，跳出“兑换码”输入页面。
3. 刮开封底处的“刮刮卡”获得“兑换码”。
4. 输入“兑换码”和“验证码”，点击“使用”。

通过以上步骤，您的微信账号即可免费观看全套课程！

首次兑换后，微信扫描本页的“课程空间码”即可直接跳转到课程空间，或者直接扫描内文“资源码”即可直接观看相应富媒体资源。

课程空间码

序

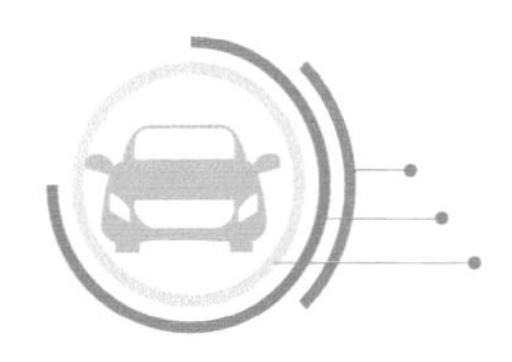

当前，全球汽车产业进入百年未有之大变革时期，汽车电动化、网联化和智能化水平不断提升，智能网联汽车已成为世界公认的汽车产业未来发展的方向和焦点。党的二十大报告提出："建设现代化产业体系。坚持把发展经济的着力点放在实体经济上，推进新型工业化，加快建设制造强国、质量强国、航天强国、交通强国、网络强国、数字中国。"这为推动智能网联汽车发展、助力实体经济指明了方向。

智能网联汽车是跨学科、跨领域融合创新的新产业，要求企业员工兼具车辆、机械、信息与通信、计算机、电气、软件等多维专业背景。从行业现状来看，大量从业人员以单一学科专业背景为主，主要依靠在企业内"边干边学"完善知识结构，逐步向跨专业复合型经验人才转型。这类人才的培养周期长且培养成本高，具备成熟经验的人才尤为稀缺，现有存量市场无法匹配智能网联汽车行业对复合型人才的需求。

为了响应高速发展的智能网联汽车产业对素质高、专业技术全面、技能熟练的大国工匠、高技能人才的迫切需求，为了响应《国家职业教育改革实施方案》提出的"建设一大批校企'双元'合作开发的国家规划教材，倡导使用新型活页式、工作手册式教材并配套开发信息化资源"的倡议，行云新能科技（深圳）有限公司联合中职、高职、本科、技工技师类院校的一线教学老师与华为、英特尔、百度等行业内头部企业共同开发了智能网联汽车专业"岗课赛证"融通活页式创新教材。

行云新能在华为MDC智能驾驶技术的基础上，紧跟华为智能汽车的智能座舱—智能网联—智能车云全链条根技术和产品，构建以华为智能汽车根技术为核心的智能网联汽车人才培养培训生态体系，建设中国智能汽车人才培养标准。在此基础上，我们组织多名具有丰富教学和实践经验的汽车专业教师和智能网联汽车企业技术人员一起合作，历时两年，共同完成了"智能网联汽车专业'岗课赛证'融通活页式创新教材"的编写工作。

本套教材包括《智能网联汽车概论》《Arduino编程控制与应用》《Python人工智能技术与应用》《ROS原理与技术应用》《智能网联汽车传感器技术与应用》《智能驾驶计算平台应用技术》《汽车线控底盘与智能控制》《车联网技术与应用》《汽车智能座舱系统与应用》《车辆自动驾驶系统应用》《智能网联汽车仿真与测试》共十一本。

多年的教材开发经验、教学实践经验、产业端工作经验使我们深切地感受到，教材建设是专业建设的基石。为此，本系列教材力求突出以下特点：

1）以学生为中心。活页式教材具备“工作活页”和“教材”的双重属性，这种双重属性直接赋予了活页式教材在装订形式与内容更新上的灵活性。这种灵活性使得教材可以依据产业发展及时调整相关教学内容与案例，以培养学生的综合职业能力为总目标，其中每一个能力模块都是完整的行动任务。按照“以学生为中心”的思路进行教材开发设计，将“教学资料”的特征和“学习资料”的功能完美结合，使学生具备职业特定技能、行业通用技能以及伴随终身的可持续发展的核心能力。

2）以职业能力为本位。在教材编写之前，我们全面分析了智能网联汽车技术领域的特征，根据智能网联汽车企业对智能传感设备标定工程师、高精度地图数据采集处理工程师、智能网联汽车测试评价工程师、智能网联汽车系统装调工程师、智能网联汽车技术支持工程师等岗位的能力要求，对职业岗位进行能力分解，提炼出完成各项任务应具备的知识和能力。以此为基础进行教材内容的选择和结构设计，人才培养与社会需求的无缝衔接，最终实现学以致用的根本目标。同时，在内容设置方面，还尽可能与国家及行业相关技术岗位职业资格标准衔接，力求符合职业技能鉴定的要求，为学生获得相关的职业认证提供帮助。

3）以学习成果为导向。智能网联汽车横跨诸多领域，这使得相关专业的学生在学习过程中往往会感到无从下手，我们利用活页式教材的特点来解决此问题，活页式教材是一种以模块化为特征的教材形式，它将一本书分成多个独立的模块，以某种顺序组合在一起，从而形成相应的教学逻辑。教材的每个模块都可以单独制作和更新，便于保持内容的时效性和精准性。通过发挥活页式教材的特点，我们将实际工作所需的理论知识与技能相结合，以工作过程为主线，便于学生在实际的操作过程中掌握工作所需的技能和加深对理论知识的认知。

总体而言，本活页式教材以学生为中心，以职业能力为本位，以学习成果为导向，让学生在教师指导下经历完整的工作过程，创设沉浸式教学环境，并在交互体验的过程中构建专业知识，训练专业技能，从而促进学生自主学习能力的提升。每一个任务均以学习目标、知识索引、情境导入、获取信息、任务分组、工作计划、进行决策、任务实施、评价反馈这九个环节为主线，帮助学生在动手操作和了解行业发展的过程中领会团结合作的重要性，培养执着专注、精益求精、一丝不苟、追求卓越的工匠精神。在每个能力模块中引入了拓展阅读，将爱党、爱国、爱业、爱史与爱岗教育融入课程中。为满足“人人皆学、处处能学、时时可学”的需要，本活页式教材同时搭配微课等数字化资源辅助学习。

虽然本系列教材的编写者在智能网联汽车应用型人才培养的教学改革方面进行了一些有益的探索和尝试，但由于水平有限，教材中难免存在错误或疏漏之处，恳请广大读者给予批评指正。

丛书编委会

前 言

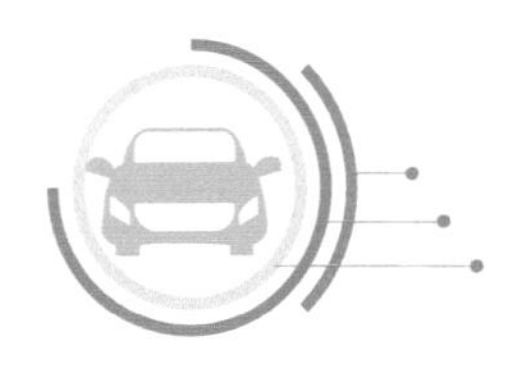

党的二十大报告指出:“统筹职业教育、高等教育、继续教育协同创新，推进职普融通、产教融合、科教融汇，优化职业教育类型定位。”产教融合是培养智能网联汽车产业端所需的素质高、专业技术全面、技能熟练的大国工匠及高技能人才的重要方式，也是我们教材体系建设的重要依据。

2023年11月，工业和信息化部公安部等四部门联合发布《关于开展智能网联汽车准入和上路通行试点工作的通知》。在电动化、智能化、网联化、共享化已成为汽车产业发展趋势的当下，政策的利好更进一步地推动了产业的健康发展。工业和信息化部数据显示，2022年，我国搭载辅助自动驾驶的智能网联乘用车新车销量达700万辆，渗透率提高至34.9%，同比增长45.6%。国家智能网联汽车创新中心数据显示，到2025年，我国智能网联汽车产业仅汽车部分新增产值将超过1万亿元；到2030年，汽车部分新增的产值将达到2.8万亿元。智能网联汽车行业的快速发展推进了产业端对人才的需求，根据教育部等三部门联合印发的《制造业人才发展规划指南》，未来节能与新能源汽车人才缺口为103万人，智能网联汽车人才缺口为3.7万人，汽车行业技术人才、数字化人才非常稀缺。而智能网联汽车产业作为汽车、电子、信息、交通、定位导航、网终通信、互联网应用等行业领域深度融合的新兴产业，院校在专业建设时往往会遇到行业就业岗位模糊、专业建设核心不清等情况。在政策大力支持、产业蓬勃发展的大背景下，为满足行业对智能网联汽车技术专业人才的需要，促进中职、高职、职教本科类院校汽车类专业建设，特编写本教材。

当前，人工智能技术大量应用于智能网联汽车行业，主要涉及的领域是计算机视觉、机器学习与GPS技术、传感器技术、大数据技术的有机融合。通过获取大量的地图数据、行车轨迹数据、驾驶行为数据、场景数据等各类数据和进行深度学习，智能网联汽车的决策层可制定精确的汽车路径规划和驾驶行为决策，实现汽车的自感知、自学习、自适应和自控制，进而实现对汽车的自动化、智能化控制。

本教材围绕智能网联相关专业“岗课赛证”综合育人的教育理念与教学要求，基于“学生为核心、能力为导向、任务为引领”的理念编写。在对智能网联技术技能人才岗位特点、1+X 职业技能等级证书和“校—省—国家”三级大赛体系进行调研的基础上，分析出岗位典型工作任务，进而创设真实的工作情景，引入企业岗位真实的生产项目，强化产教融合深度，从而构建整套系统化的课程体系。

本教材主要内容分为 6 个能力模块。能力模块一为对人工智能与自动驾驶的基本认知，通过人工智能技术的定义、关键技术、人工智能在自动驾驶中的应用等多个知识点完成对人工智能的初步了解；能力模块二为掌握 Python 人工智能的基础应用，通过认知 Python 的基础命令和应用完成 Python 网络爬虫与数据探索性分析实训；能力模块三为掌握机器学习技术的基础应用，通过各类经典算法完成汽车产品聚类分析实训、人脸识别实训与汽车行为预测实训；能力模块四为掌握基于深度学习的计算机视觉技术应用，讲解了计算机视觉技术的基础知识和其在智能网联汽车上的典型应用；能力模块五为掌握基于深度学习的自然语言处理技术应用，讲解了自然语言处理技术的基础知识和简单应用；能力模块六为掌握基于深度学习的语音处理技术应用，讲解了语音处理技术的基础知识和简单应用。

能力模块	理论学时	实践学时	权重
能力模块一　对人工智能与自动驾驶的基本认知	3	0	3.1%
能力模块二　掌握 Python 人工智能的基础应用	5	12	17.7%
能力模块三　掌握机器学习技术的基础应用	6	14	20.9%
能力模块四　掌握基于深度学习的计算机视觉技术应用	7	13	20.8%
能力模块五　掌握基于深度学习的自然语言处理技术应用	5	9	14.6%
能力模块六　掌握基于深度学习的语音处理技术应用	6	16	22.9%
总计	32	64	100%

本书由重庆电子科技职业大学邓剑勋、重庆电子科技职业大学王勇主编；行云新能科技（深圳）有限公司吴立新、重庆电子科技职业大学陈红阳、重庆电子科技职业大学李丹、重庆电子科技职业大学赵丽娜、行云新能科技（深圳）有限公司罗敏、行云新能科技（深圳）有限公司张文娟参与编写。

由于编者水平有限，本书内容的深度和广度尚存在欠缺，欢迎广大读者予以批评指正。

编　者

活页式教材使用注意事项

根据需要，从教材中选择需要夹入活页夹的页面。

02

小心地沿页面根部的虚线将页面撕下。为了保证沿虚线撕开，可以先沿虚线折叠一下。注意：一次不要同时撕太多页。

03

选购孔距为80mm的双孔活页文件夹，文件夹要求选择竖版，不小于B5幅面即可。将撕下的活页式教材装订到活页夹中。

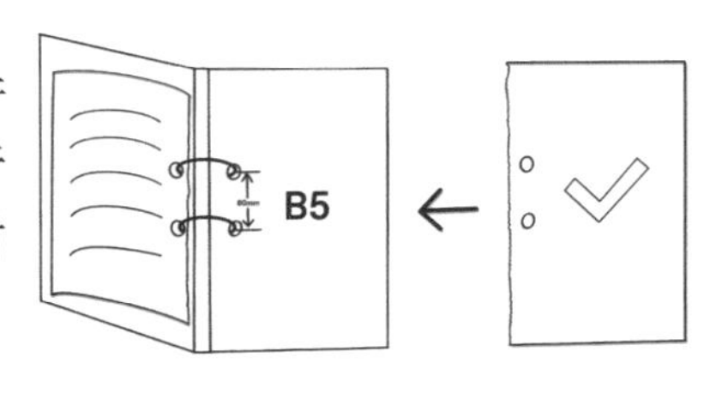

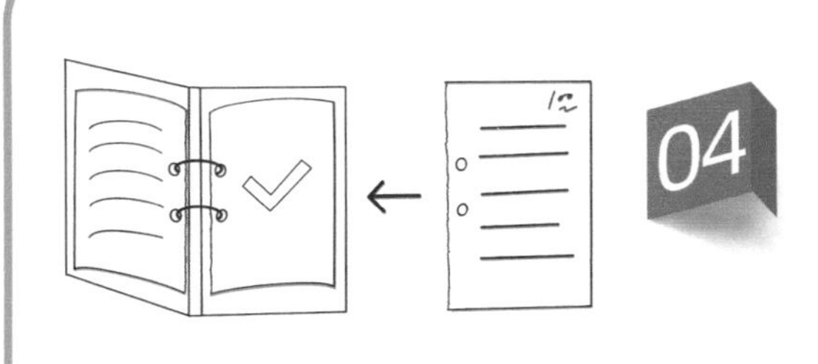

04

也可将课堂笔记和随堂测验等学习资料，经过标准的孔距为80mm的双孔打孔器打孔后，和教材装订在同一个文件夹中，以方便学习。

温馨提示：在第一次取出教材正文页面之前，可以先尝试撕下本页，作为练习

目 录

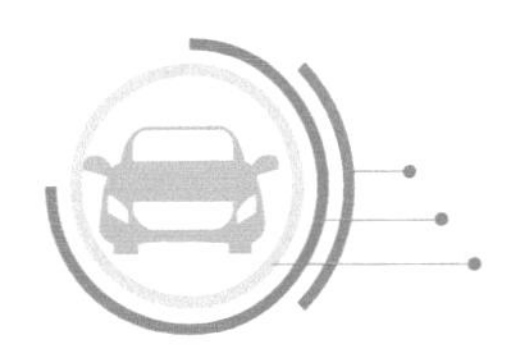

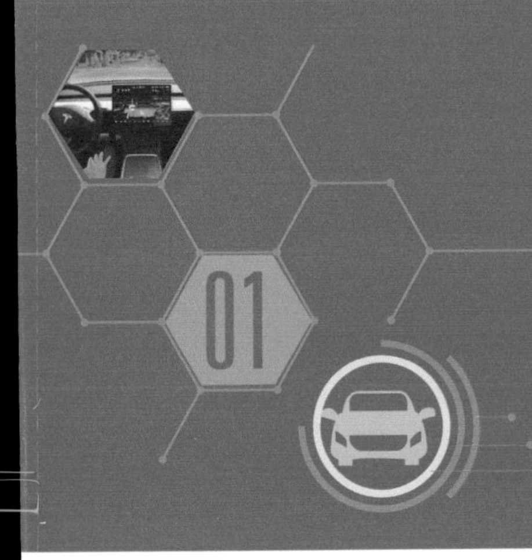

能力模块一 对人工智能与自动驾驶的基本认知

任务一　调研分析人工智能技术

学习目标

- 了解人工智能技术的定义与应用。
- 掌握人工智能技术的三要素。
- 了解人工智能的分类。
- 能够简单介绍人工智能技术的发展历程。
- 能够简单介绍人工智能的发展现状及面临挑战。立足专业技能，明确未来职业方向。

知识索引

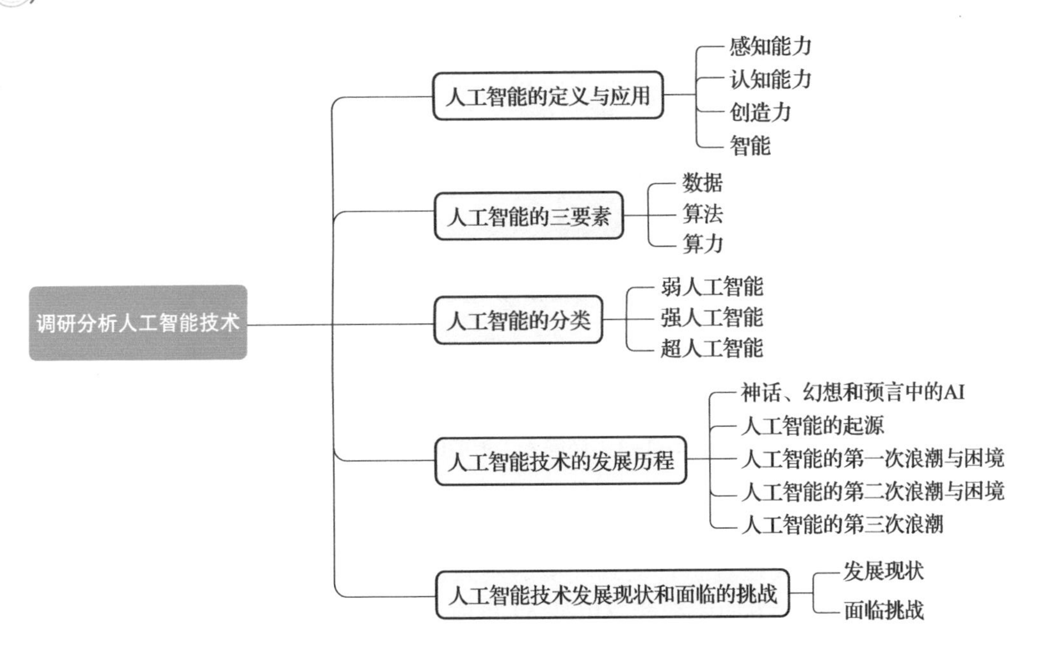

情境导入

你是一名人工智能科技公司的研发工程师，某高校计划举办“面向未来：数字革命与人工智能”的讲座，邀请你向参加讲座的学生科普介绍人工智能这门新兴技术，你应该如何准备你的讲座内容。

获取信息

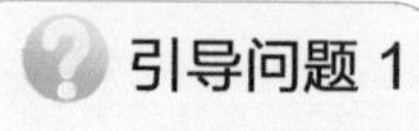

引导问题 1

查阅相关资料，简述人工智能的定义与主要应用方向。

____

____

____

人工智能的定义与应用

人工智能（Artificial Intelligence，AI）是指研究、模拟人类智能的理论、方法、技术及应用系统的一门技术科学。

人工智能技术本质是对人的意识和思想过程的模拟，赋予机器模拟、延伸、扩展类人智能，实现会听、会看、会说、会思考、会学习、会行动等功能。如图 1-1-1 所示，人工智能当前应用主要分为四大部分。

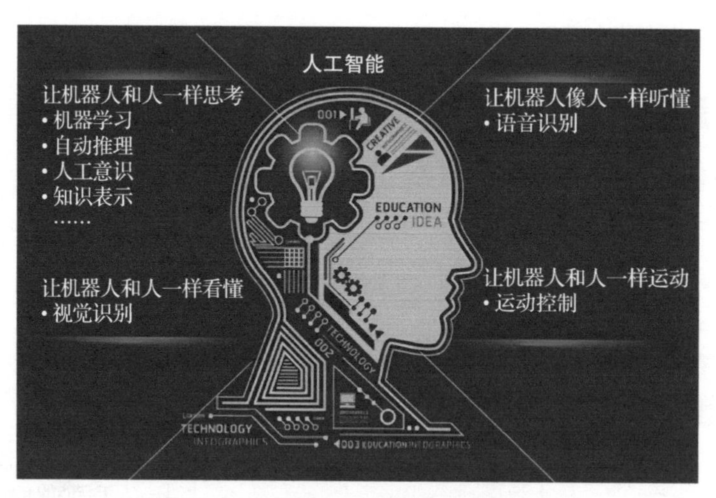

图 1-1-1　当前人工智能的主要应用

（一）感知能力

感知能力是指人类通过感官受到环境的刺激，察觉消息的能力，简单地说就是人类五官的感知能力。此方向的智能应用是 AI 目前主要的焦点之一，包括：

1）看：计算机视觉、图像识别、人脸识别、对象侦测，如图 1–1–2 所示。

2）听：语音识别。

3）说：语音生成、文本转换语音，如图 1–1–3 所示。

4）读：自然语言处理、语音转换文本。

5）写：机器翻译。

图 1–1–2　看：在旅游景点进行游客和标志检测

图 1–1–3　说：手机中的导航系统——将文本转换为语音

（二）认知能力

认知能力是指人类通过学习、判断、分析等心理活动来了解信息、获取知识的过程与能力。对人类认知的模仿与学习是目前 AI 的第二个焦点领域，主要包括：

1）分析辨识能力：例如，医学图像分析（图 1–1–4）、产品推荐、垃圾邮件辨识、法律案件分析、犯罪侦测、信用风险分析、消费行为分析（图 1–1–5）等。

2）预测能力：例如，AI 执行的预防性维修（Predictive Maintenance）、智慧自然灾害预测与防治。

3）判断能力：例如，AI 下围棋、自动驾驶车辆、保健欺诈判断、癌症判断等。

4）学习能力：例如，机器学习、深度学习、增强式学习等各种学习方法。

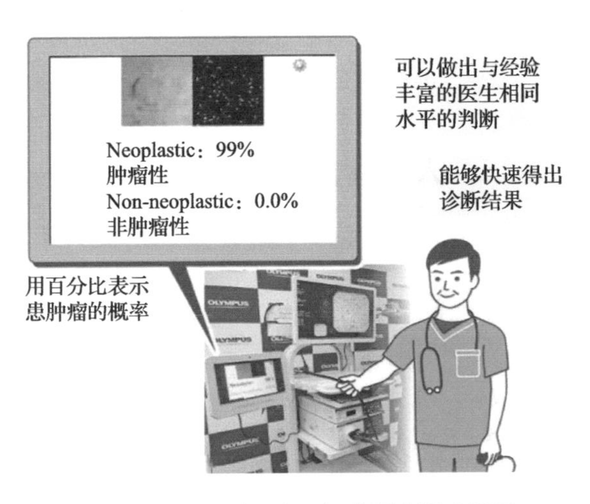

图 1–1–4　利用人工智能提高医疗质量

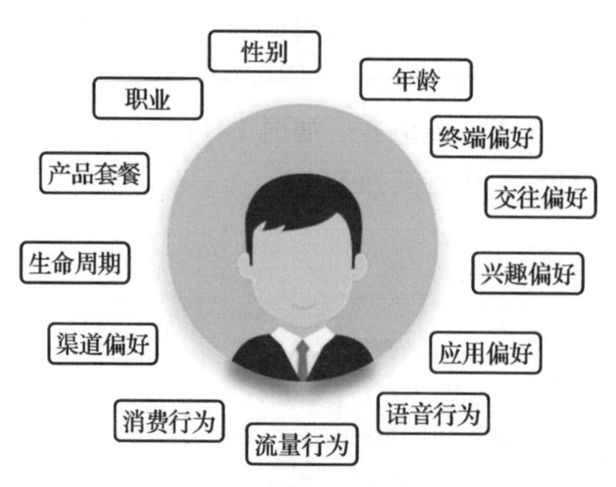

图 1-1-5　消费行为分析

（三）创造力

创造力是指人类产生新思想，新发现，新方法，新理论，新设计，创造新事物的能力，它结合知识、智力、能力、个性及潜意识等各种因素优化而成。这个领域目前主要包括 AI 作曲、AI 作诗、AI 写作、AI 绘画、AI 设计等。

（四）智能

智能是指人类深刻了解人、事、物的真相，能探求真理、明辨是非，指导人类过有意义生活的一种能力。这个领域牵涉人类自我意识、自我认知与价值观，是目前 AI 尚未触及的一部分，也是 AI 最难以模仿的一个领域。

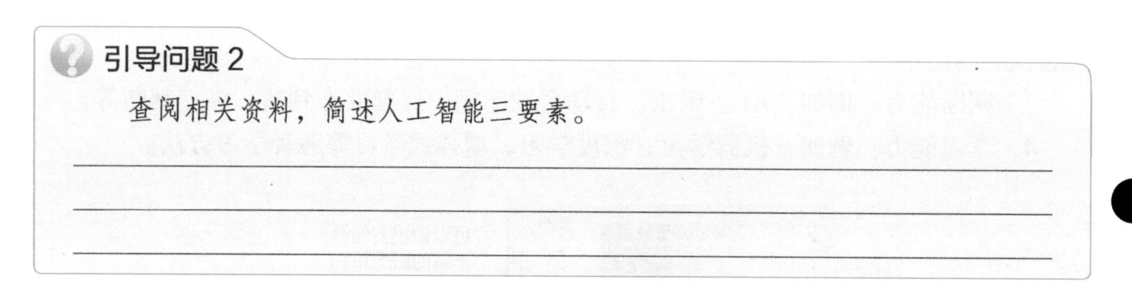

引导问题 2

查阅相关资料，简述人工智能三要素。

____

____

____

人工智能的三要素

数据、算法和算力是人工智能的三要素（图 1-1-6），是人工智能发展的基础。

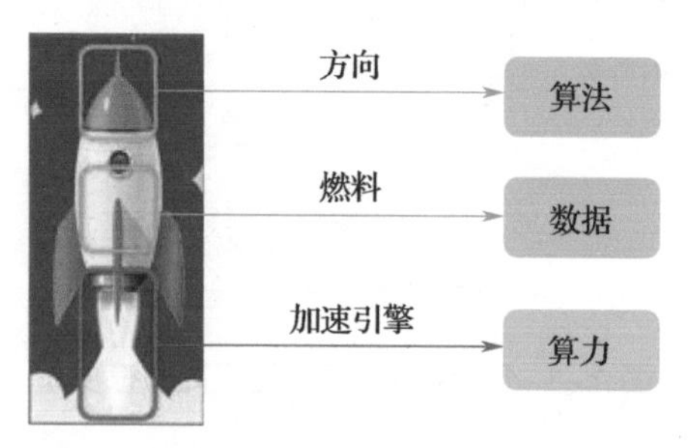

图 1-1-6　人工智能三要素——算法、数据和算力

(一)数据

数据是提供给机器学习算法的原材料。例如，大量的历史数据、用户行为数据、网络数据、视频数据等。在计算机内部，所有数据都以二进制形式存储，每一位数据都由 0 和 1 组成，如图 1-1-7 所示。

图 1-1-7　机器世界的数据 0 和 1

(二)算法

算法是一种特定的解决问题的规则集，其可以使计算机根据输入的数据，自动执行一系列步骤，以达到指定的目标。生活中的算法——烹饪红烧肉如图 1-1-8 所示。

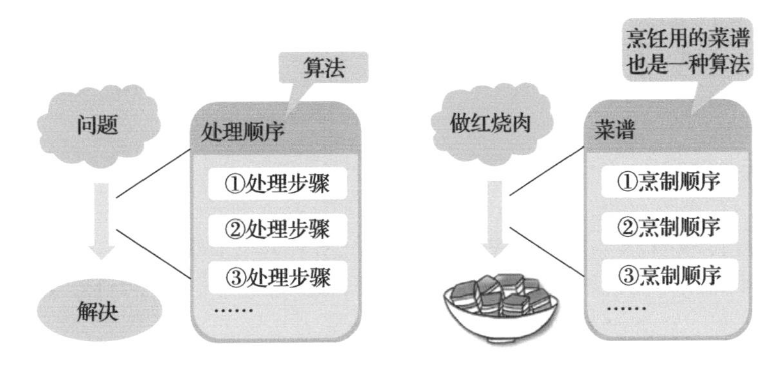

图 1-1-8　生活中的算法——烹饪红烧肉

(三)算力

算力是运行算法的计算能力，是指人工智能系统可以处理的任务的数量和复杂程度。算力的单位为 TOPS，1TOPS 代表处理器每秒钟可进行一万亿次计算。人们熟知的 8155 芯片算力是 8TOPS，英伟达 Orin 芯片算力为 254TOPS。

引导问题 3

查阅相关资料，简述人工智能的分类。

人工智能的分类

人工智能按照与人类智能的匹配程度可以分为弱人工智能、强人工智能和超人工智能。

（一）弱人工智能

弱人工智能是指专注于且只能解决特定领域问题的人工智能。例如，苹果公司语音助手 Siri 为语音识别领域的人工智能，用户可以通过语音调用 Siri 查找信息、拨打电话、发送信息、获取路线、播放音乐、查找苹果设备等，如图 1–1–9 所示。

图 1–1–9　智能语音助手 Siri

（二）强人工智能

强人工智能（图 1–1–10）属于人类级别的人工智能，在各方面都能与人类媲美，包含思考、计划、解决问题、抽象思维、理解复杂理念、快速学习和从经验中学习等能力，并且和人类一样得心应手，目前仍未发展出此技术。

图 1–1–10　强人工智能

（三）超人工智能

牛津哲学家、知名人工智能思想家尼克 · 博斯特伦（Nick Bostrom）把超人工智能定义为“在几乎所有领域比最聪明的人类大脑都聪明很多，包括科学创新、通识和社交技能”，这是人工智能的终极目标，目前仍未实现。

引导问题 4

查阅相关资料，答一答。

【多选】第二次 AI 发展浪潮的引领力量是什么？（　　）

A. 人工神经网络　　B. 深度学习

C. 知识工程　　D. 专家系统

人工智能技术的发展历程

人工智能的发展历程如图 1–1–11 所示。

（一）神话、幻想和预言中的 AI

希腊神话中已经出现了机械人和人造人，如赫淮斯托斯的黄金机器人和皮格马利翁的伽拉忒亚。19 世纪的幻想小说中出现了人造人和会思考的机器之类题材，例如，玛丽·雪莱的《弗兰肯斯坦》和卡雷尔·恰佩克的《罗素姆的万能机器人》（图 1–1–12）。

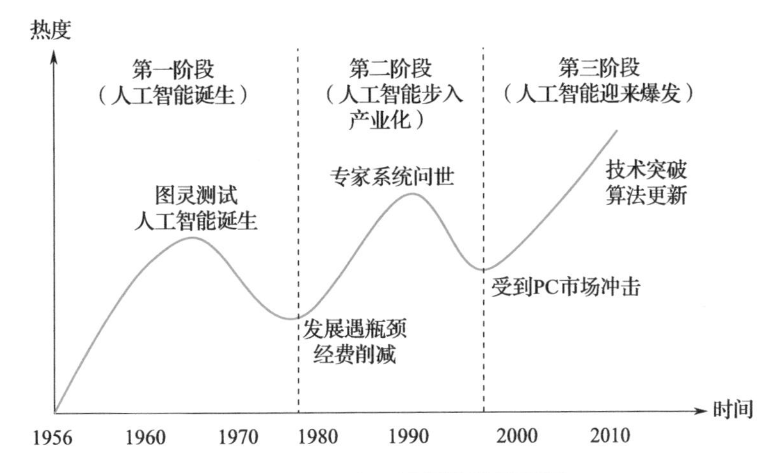

图 1–1–11　人工智能的发展历程

图 1–1–12 《罗素姆的万能机器人》1921 年在布拉格演出时的舞台剧照

（二）人工智能的起源

在 20 世纪 40 年代和 50 年代，来自不同领域（数学、心理学、工程学、经济学和政治学）的一批科学家开始探讨制造人工大脑的可能性。

第一个严肃的提案由英国数学家艾伦·图灵（Alan Turing）于 1950 年提出。图灵发表了一篇划时代的论文，文中预言了创造出具有真正智能的机器的可能性。由于注意到"智能"这一概念难以确切定义，他提出了著名的图灵测试（图 1–1–13）：如果一台机器能够与人类展开对话（通过电传设备）而不能被辨别出其机器身份，那么就称这台机器具有智能。这一简化使得图灵能够令人信服地说明"思考的机器"是可能的。

1956 年，在达特茅斯的人工智能研讨会上，人工智能的创始人之一、美国计算机科学家约翰·麦卡锡（John McCarthy）正式提出"人工智能"这个概念，人工智能被确立为一门学科，该年被公认是现代人工智能学科的起始元年。

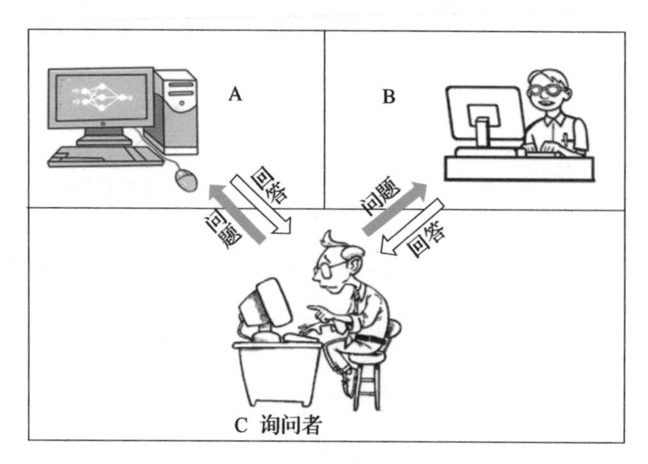

图 1-1-13　C 房间询问者测试房间 A 和 B 的回答者

（三）人工智能的第一次浪潮与困境

达特茅斯会议之后的数年是大发现的时代。对许多人而言，这一阶段开发出的程序堪称神奇。计算机可以解决代数应用题，证明几何定理，学习和使用英语。

当时人工智能研究者们在私下的交流和公开发表的论文中表现出相当乐观的情绪，认为具有完全智能的机器将在 20 年内出现。美国国防部高等研究计划署（DARPA）等政府机构向这一新兴领域投入了大笔资金。1966 年，计算机科学家 Joseph Weizenbaum 发明了心理治疗机器人 ELIZA。ELIZA 是一种自动对话系统，它可以模拟一个心理治疗师，通过自动回答问题，帮助患者解决问题，如图 1-1-14 所示。

```
  Welcome to
                    EEEEEE  LL      IIII   ZZZZZZ   AAAAA
                    EE      LL       II       ZZ   AA   AA
                    EEEEE   LL       II     ZZZ    AAAAAAA
                    EE      LL       II    ZZ      AA   AA
                    EEEEEE  LLLLLL  IIII ZZZZZZ    AA   AA

  Eliza is a mock Rogerian psychotherapist.
  The original program was described by Joseph Weizenbaum in 1966.
  This implementation by Norbert Landsteiner 2005.


ELIZA: Is something troubling you ?
YOU:   Men are all alike.
ELIZA: What is the connection, do you suppose ?
YOU:   They're always bugging us about something or other.
ELIZA: Can you think of a specific example ?
YOU:   Well, my boyfriend made me come here.
ELIZA: Is it important to you that your boyfriend made you come here ?
YOU:   He says I'm depressed much of the time.
ELIZA: I am sorry to hear that you are depressed.
YOU:   It's true. I am unhappy.
ELIZA: Can you explain what made you unhappy ?
YOU:
```

图 1-1-14　心理治疗机器人在回答用户的问题

20 世纪 70 年代，即使最优秀的 AI 程序也只能解决简单问题，无法再往上突破。研究者们遭遇了无法克服的基础性障碍，包括计算机的运算能力有限、计算复杂性和指数爆炸、常识与推理等问题。随后，各国政府和机构也停止或减少了资金投入。

（四）人工智能的第二次浪潮与困境

人工智能的第二次高潮，开始于20世纪80年代初，引领力量是知识工程和专家系统。专家系统实际上是一套程序软件，能够从专门的知识库系统中，通过推理找到一定规律，像人类专家那样解决某一特定领域的问题。简单地说，专家系统等于知识库加上推理机。

1980年，卡内基梅隆大学为DEC（数字设备公司）设计了名为XCON的专家系统。

1981年，日本经济产业省拨款八亿五千万美元支持第五代计算机项目。其目标是制造出能够与人对话、翻译语言、解释图像，并且像人一样推理的机器。

世界上的许多公司都开始研发和应用专家系统，到1985年这些公司已在AI上投入十亿美元以上，大部分用于公司内设的AI部门。研发和应用专家系统的众多不同领域的公司应运而生。

20世纪80年代后期，AI技术发展缓慢，政府停止对AI的资助。加上计算机市场的冲击，AI进入第二次发展困境期。当时，XCON等最初大获成功的专家系统维护费用居高不下，难以升级，难以使用，脆弱（当输入异常时会出现莫名其妙的错误），成了以前已经暴露的各种各样问题［如资格问题（qualification problem）］的牺牲品。专家系统的实用性仅仅局限于某些特定情景。

（五）人工智能的第三次浪潮

20世纪90年代，计算机算力性能不断突破，英特尔的处理器每18~24个月晶体管体积可以缩小二分之一，同样体积上的集成电路密集度增长一倍，同样计算机的处理运算能力可以翻一倍。同时人工智能各领域也都取得了可喜的发展。

4G时代的到来和智能手机的普及与移动互联网的发展为神经网络训练迭代提供了海量的数据，而物联网（IoT）的兴起和边缘计算的支持也使传感器时序数据指数级生成。

2006年，亚马逊发布AWS云计算平台，大幅提升了人工智能网络模型计算所需要的算力。

2007年，华裔女科学家李飞飞教授开源了世界上最大的图像识别数据集（超过1400万、2万多标注类别的图像数据集），为人工智能计算机视觉项目提供了强大的数据支持。

引导问题5

查阅相关资料，简述人工智能技术发展现状以及面临的挑战。

____

____

____

人工智能技术发展现状和面临的挑战

（一）发展现状

1. AI 技术进一步完善

AI 系统现在可以合成文本、音频和图像，而且水平足够高。例如，得益于机器学习和自然语言处理技术的进步，机器能在视觉问答中提供更加准确的自然语言答案。

2. AI 逐步走向产业化

AI 技术的成熟让相关的 AI 模型的训练时间和训练成本明显降低。例如，训练一个现代图像识别系统，根据斯坦福 DAWNBench 团队进行的测试，2017 年需要耗资 1100 美元的项目，现在只需花 7.43 美元，成本仅为原来的 1/150。

AI 已经被广泛应用于交通、金融、农业、军事等领域，尤其是新冠疫情期间，AI 在医疗保健和生物医学领域发挥了重要作用。例如，AI 加速了新冠病毒相关药物的发明，解决了长期以来的蛋白质折叠生物学难题。AI 初创公司 PostEra 的机器学习技术能够在 48h 内完成此前需要 3~4 周时间进行的化学合成路线设计，加速了新冠病毒相关药物的发明。

（二）面临挑战

1. 三要素仍需不断突破

（1）缺乏高质量的数据资源

深度学习需要大规模高质量的训练数据，数据的获取和制作成本极高、数据共享流通不畅、数据标准不统一、历史数据质量差等问题影响了人工智能在各领域的应用。

（2）模型泛化能力较弱

人工智能模型的泛化能力是指，将通过训练集学习获得的模型成功地应用到未知的数据集上，从而达到准确的预测结果。泛化能力的高低决定了人工智能模型的有效性。人工智能模型往往只在特定的数据集上表现良好，但是在新的数据集上表现不佳。

（3）算力瓶颈仍然有待突破

目前，人工智能系统的算力瓶颈主要源于计算机硬件的性能和能力的局限性。例如，处理大规模数据集的计算机硬件可能不足以支撑大规模的深度学习算法，而计算机的内存也可能不够支撑大规模的模型训练。此外，由于人工智能系统的复杂性和多样性，计算机硬件的定制化也可能成为算力瓶颈。

2. 人工智能存在安全隐患

由于人工智能系统可以自主学习，因此它们可能会做出意想不到的决策，导致安全风险。此外，由于人工智能系统的复杂性，攻击者可能会利用漏洞攻击系统，从而导致安全隐患（图 1-1-15）。

3. 带来新的就业问题

人工智能的快速发展已经开始或逐步取代一些传统劳动力，创造出新的就业岗位

图 1-1-15　黑客对自动驾驶中的人工智能系统造成威胁

需求，且其快速学习和更新的能力对就业市场上的求职者提出了终身学习的要求。

据 2013 年英国牛津大学的研究报告，未来有 700 多种职业都有被智能机器替代的可能性，医疗、教育等需要高技能积累的行业也将受到人工智能的影响。

拓展阅读

吴文俊：不朽的数学人生，照耀人工智能发展之路

吴文俊是一位著名的数学家，被誉为“中国数学之父”。他于 1919 年出生在上海市，1940 年本科毕业于交通大学数学系，1949 年获法国国家博士学位。

吴文俊院士曾任中国科学院数学与系统科学研究院研究员，中国人工智能学会名誉理事长。他为数学的核心领域——拓扑学做出了重大贡献，开创了数学机械化新领域，对国际数学与人工智能研究影响深远。他用算法的观点对中国古算做了分析，同时提出用计算机自动证明几何定理的有效方法，在国际上被称为“吴方法”，曾荣获国家最高科学技术奖。

符号主义和连接主义是人工智能方法的两大流派。在历史上，作为连接主义的代表，人工神经网络几经沉浮，目前已攀上发展的巅峰，高歌猛进，如火如荼；而符号主义发展的巅峰之一，正是吴文俊院士开创的机器定理证明。

吴文俊院士为了弘扬中国数学构造性算法化的传统，将数学（特别是代数几何）与计算机科学相结合，开创了机器几何定理证明的方向，只手擎天地推动了数学机械化的发展。吴文俊认为在很大程度上，人们可以用复杂的计算推演来代替抽象的推理，从而用计算机来辅助数学家去发现自然结构、获取数学真理。吴文俊发明的吴方法，完全可以证明所有欧几里得几何的定理，同时被广泛应用于许多数学和工程领域。

值得一提的是，被誉为中国智能科学技术最高奖的“吴文俊人工智能科学技术奖”，正是由吴文俊命名的。该奖项由中国人工智能学会发起主办，自 2011 年设立以来，每年颁发一次，对获奖者颁发 100 万元奖金。2018 年首度设立的“吴文俊人工智能杰出贡献奖”，凡在中国从事智能科学技术领域研发、生产、应用、

推广的企业和机构，从事智能科学技术教学与研究的高校与科研院所或院士专家，均可通过中国人工智能学会官网平台申报该奖。

任务分组

学生任务分配表

<table>
<tr><td>班级</td><td></td><td>组号</td><td></td><td>指导老师</td><td></td></tr>
<tr><td>组长</td><td></td><td>学号</td><td colspan="3"></td></tr>
<tr><td colspan="6">组员角色分配</td></tr>
<tr><td>信息员</td><td></td><td>学号</td><td colspan="3"></td></tr>
<tr><td>操作员</td><td></td><td>学号</td><td colspan="3"></td></tr>
<tr><td>记录员</td><td></td><td>学号</td><td colspan="3"></td></tr>
<tr><td>安全员</td><td></td><td>学号</td><td colspan="3"></td></tr>
<tr><td colspan="6">任务分工</td></tr>
<tr><td colspan="6">（就组织讨论、工具准备、数据采集、数据记录、安全监督、成果展示等工作内容进行任务分工）</td></tr>
</table>

工作计划

按照前面所了解的知识内容和小组内部讨论的结果，制定工作方案，落实各项工作负责人，如任务实施前的准备工作、实施中主要操作及协助支持工作、实施过程中相关要点及数据的记录工作等。

工作计划表

步骤	工作内容	负责人
1		
2		
3		
4		
5		

进行决策

1）各组派代表阐述资料查询结果。

2）各组就各自的查询结果进行交流，并分享技巧。

3）教师结合各组完成的情况进行点评，选出最佳方案。

任务实施

完成人工智能技术相关资料的查询，并填写工单。

调研分析人工智能技术工单	
记录	完成情况
1. 人工智能技术的发展历程经历了几个主要阶段？各阶段的主要成果有哪些？ ______ ______ ______ 2. 人工智能在人们的生活中有哪些典型应用？ ______ ______ ______ 3. 人工智能发展的关键要素有哪些？各关键要素的作用是什么？ ______ ______ ______	已完成□ 未完成□

6S 现场管理			
序号	操作步骤	完成情况	备注
1	建立安全操作环境	已完成□　未完成□	
2	清理及整理工具、量具	已完成□　未完成□	
3	清理及复原设备正常状况	已完成□　未完成□	
4	清理场地	已完成□　未完成□	
5	物品回收和环保	已完成□　未完成□	
6	完善和检查工单	已完成□　未完成□	

评价反馈

1）各组代表展示汇报 PPT，介绍任务的完成过程。

2）以小组为单位，对各组的操作过程与操作结果进行自评和互评，并将结果填入综合评价表中的小组评价部分。

3）教师对学生工作过程与工作结果进行评价，并将评价结果填入综合评价表中的教师评价部分。

综合评价表

<table>
<tr><td>班级</td><td></td><td>组别</td><td></td><td>姓名</td><td></td><td>学号</td><td></td></tr>
<tr><td colspan="2">实训任务</td><td colspan="6"></td></tr>
<tr><td colspan="2">评价项目</td><td colspan="4">评价标准</td><td>分值</td><td>得分</td></tr>
<tr><td rowspan="9">小组评价</td><td>计划决策</td><td colspan="4">制定的工作方案合理可行，小组成员分工明确</td><td>10</td><td></td></tr>
<tr><td rowspan="3">任务实施</td><td colspan="4">调研分析人工智能的发展历程</td><td>20</td><td></td></tr>
<tr><td colspan="4">调研分析人工智能的典型应用</td><td>20</td><td></td></tr>
<tr><td colspan="4">调研分析人工智能的关键发展要素</td><td>20</td><td></td></tr>
<tr><td>任务达成</td><td colspan="4">能按照工作方案操作，按计划完成工作任务</td><td>10</td><td></td></tr>
<tr><td>工作态度</td><td colspan="4">认真严谨、积极主动</td><td>10</td><td></td></tr>
<tr><td>团队合作</td><td colspan="4">小组组员积极配合、主动交流、协调工作</td><td>5</td><td></td></tr>
<tr><td>6S 管理</td><td colspan="4">将鼠标、键盘、桌椅进行归位</td><td>5</td><td></td></tr>
<tr><td colspan="5">小计</td><td>100</td><td></td></tr>
<tr><td rowspan="7">教师评价</td><td>实训纪律</td><td colspan="4">不出现无故迟到、早退、旷课现象，不违反课堂纪律</td><td>10</td><td></td></tr>
<tr><td>方案实施</td><td colspan="4">严格按照工作方案完成任务实施</td><td>20</td><td></td></tr>
<tr><td>团队协作</td><td colspan="4">任务实施过程互相配合，协作度高</td><td>20</td><td></td></tr>
<tr><td>工作质量</td><td colspan="4">能准确完成任务实施的内容</td><td>20</td><td></td></tr>
<tr><td>工作规范</td><td colspan="4">操作规范，三不落地，无意外事故发生</td><td>10</td><td></td></tr>
<tr><td>汇报展示</td><td colspan="4">能准确表达，总结到位，改进措施可行</td><td>20</td><td></td></tr>
<tr><td colspan="5">小计</td><td>100</td><td></td></tr>
<tr><td colspan="2">综合评分</td><td colspan="5">小组评价分 ×50% ＋教师评价分 ×50%</td><td></td></tr>
<tr><td colspan="8">总结与反思</td></tr>
</table>

（如：学习过程中遇到什么问题→如何解决的 / 解决不了的原因→心得体会）

任务二　调研分析人工智能关键技术

学习目标

- 掌握机器学习的流程。
- 掌握机器学习的分类方法。
- 了解人类神经元和人工神经元。
- 了解常见的深度学习算法。
- 了解深度学习技术的优势与应用。
- 了解神经网络技术和机器学习技术原理。
- 掌握人工智能项目的生命周期，感受项目性思维，培养统筹思考的能力。

知识索引

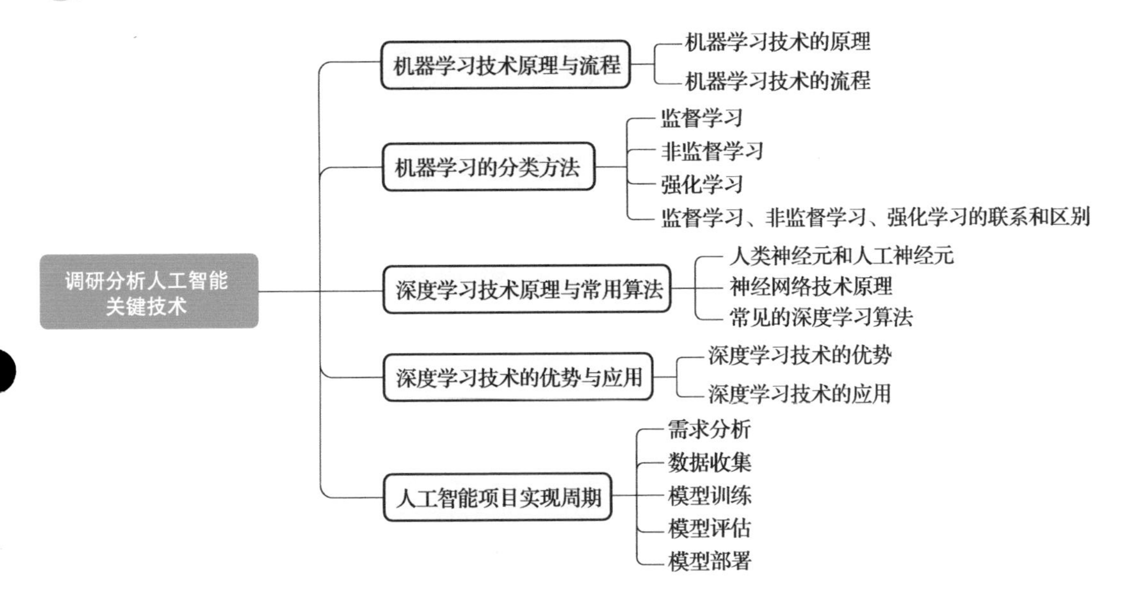

情境导入

某公司研发和销售人工智能产品，客户想了解该公司人工智能产品用到了哪些人工智能技术。你作为该公司的产品售后人员，需要向客户介绍产品背后的人工智能关键技术。

获取信息

引导问题 1

查阅相关资料，简述机器学习技术原理和流程。

____

____

____

机器学习技术原理与流程

（一）机器学习技术的原理

机器学习的基本原理是，计算机通过不断从输入数据中提取信息（数据特征）和结果（数据标签），学习数据标签和数据特征之间的相关、依存或隐藏结构等关系或内在规律，以优化自身的性能，并生成最优模型以输出最优结果，如图 1-2-1 所示。

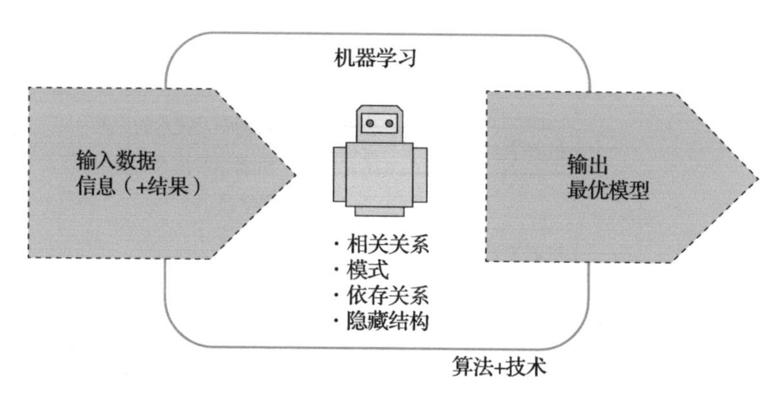

图 1-2-1　机器学习从数据中“学习”，“成为”最优模型

（二）机器学习技术的流程

机器学习技术的流程包括数据准备、特征工程、模型构建、模型评估等步骤。

1. 数据准备

进行原始数据收集、清理、整理，准备可用于机器学习算法的数据。

2. 特征工程

根据机器学习目标构建特征，以更好地提取有用信息。

3. 模型构建

选择合适的机器学习模型，并进行参数调整，以达到最优性能。

4. 模型评估

评估模型的性能，选择最优模型。

引导问题 2

查阅相关资料，简述机器学习的分类方法。

____

____

____

机器学习的分类方法

机器学习的分类方法包括监督学习、非监督学习和强化学习。

（一）监督学习

监督学习是指给算法一个数据集，并且给定正确答案，机器通过数据来学习正确答案的计算方法。

如图 1-2-2 与图 1-2-3 所示，让机器学会如何识别猫和狗。使用监督学习的方法，需准备大量猫狗的照片，再手动给这些照片打上标签“猫”或者“狗”。再用打好标签的照片进行训练。计算机会将给照片打的标签视为“正确答案”，通过大量学习提取同类物品相同特征，就可以学会在新照片中认出猫和狗。

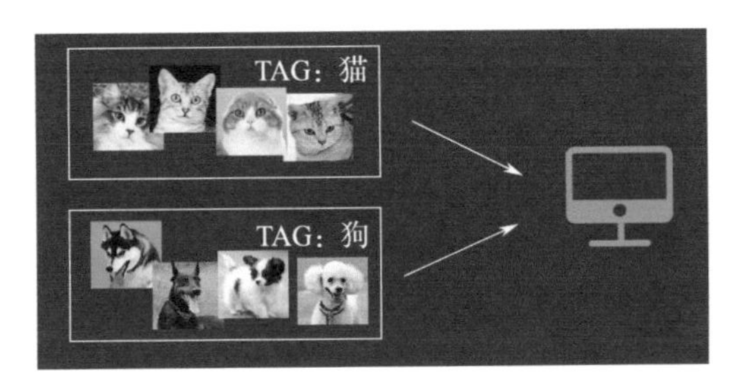

图 1-2-2　给照片打上标签用于训练

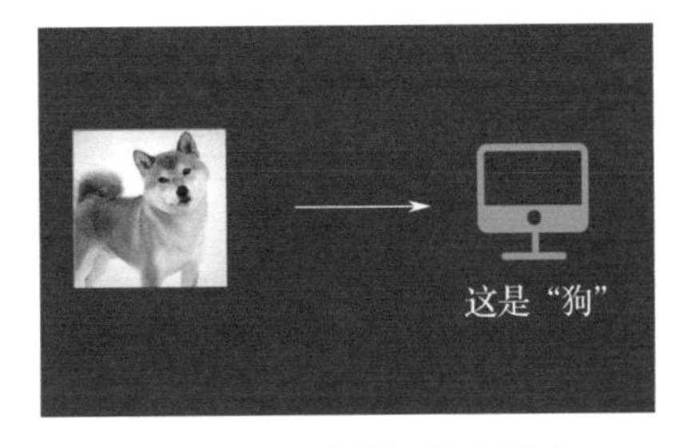

图 1-2-3　计算机给出答案

这种通过大量人工打标签来帮助机器学习的方式就是监督学习。这种学习方式效果非常好，但是成本也非常高。

（二）非监督学习

非监督学习中，给定的数据集没有“正确答案”，所有的数据都是一样的。计算机需要从给定的数据集中，通过不同的非监督学习算法，挖掘出潜在的结构和关联规则。

例如，把一堆猫和狗的照片发送给计算机，不给这些照片打任何标签，机器会把这些照片通过选择合适的算法分为两类，一类都是猫的照片，一类都是狗的照片，如图 1-2-4 所示。

（三）强化学习

强化学习更接近生物学习的本质，它关注的是智能体如何在环境中采取一系列行

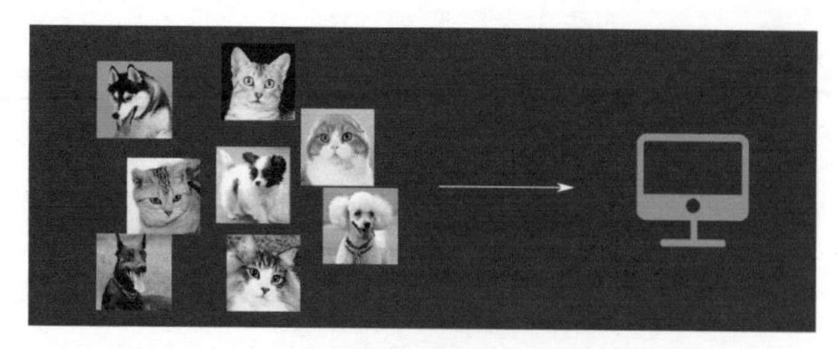

图 1-2-4 计算机非监督学习分类猫和狗照片

为，从而获得最大的累积回报。通过强化学习，一个智能体应该知道在什么状态下应该采取什么行为。

如谷歌公司开发的 Alpha Go 人工智能程序，在 2016 年 3 月 15 日以 4 比 1 的比分击败韩国围棋选手李世石。Alpha Go 使用深度强化学习来训练自己，以改进自身的棋艺。

（四）监督学习、非监督学习、强化学习的联系和区别

三种机器学习方法都是通过数据和算法来解决问题的一种方法。同时三者都需要通过训练数据来完成模型的构建，而模型的构建也是基于数学模型的。三者的联系和区别见表 1-2-1。

表 1-2-1 监督学习、非监督学习、强化学习的联系和区别

学习方式	数据有无标签	学习目标	应用场景
监督学习	有标签	预测准确性	分类或回归
非监督学习	无标签	挖掘数据结构	聚类或降维
强化学习	无标签	解决特定问题	行为策略

引导问题 3

查阅相关资料，简述深度学习技术原理与常用算法。

____

____

____

深度学习技术原理与常用算法

深度学习是一种以人脑为模型的机器学习技术，深度学习算法使用与人类类似的逻辑结构来分析数据。深度学习使用被称为人工神经网络的智能系统分层处理信息。数据从输入层经过多个“深度”隐藏的神经网络层，然后进入输出层。额外的隐藏层支持比标准机器学习模型更强大的学习能力。

深度学习最早可以追溯到 1957 年。当时由美国计算机科学家 Frank Rosenblatt 提出了“感知器”模型，这是深度学习的第一个模型，它允许机器从输入信号中学习，

并从中提取模式。随后，Hinton 等人提出了反向传播算法，使深度学习得以发展。此后，深度学习继续发展，经过几十年的发展，已经成为当今最流行的机器学习技术。

（一）人类神经元和人工神经元

人类神经元由细胞体、树突和轴突组成。树突接收神经冲动信号，将其传递给细胞体，细胞体根据接收到的信号决定是否将其传递到轴突，最终通过轴突将信号传递给下一个神经元或目标组织。

类似地，在人工神经网络中，每个神经元都有一些输入，它们被加权并加上偏置，然后通过激活函数进行非线性转换。这个非线性转换类似于人类神经元中的信号处理过程。

1）加权：在这个过程中，每个输入信号都与一个权重相关联。权重表示每个输入信号对神经元的影响程度。

2）偏置：是一个常数，它可以控制神经元的激活阈值。

生物神经网络与人工神经网络类比如图 1-2-5 所示。

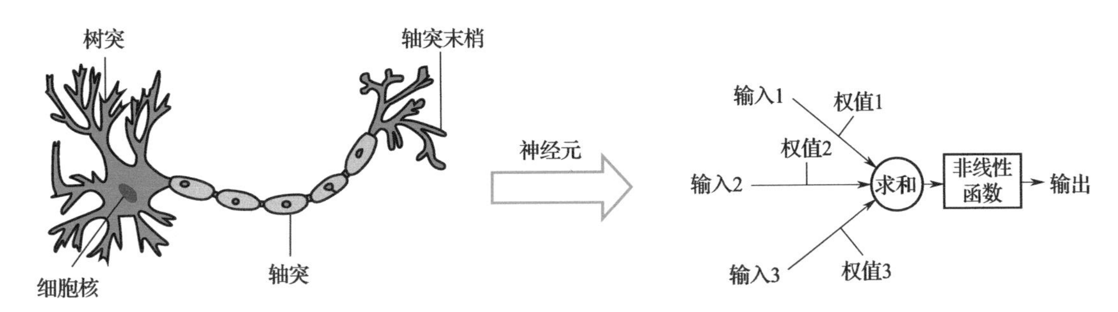

图 1-2-5 生物神经网络与人工神经网络类比

用公式表示，一个神经元的输出可以表示为

$$\text{Output} = \text{Activation Function}（\text{Weighted Sum of Inputs} + \text{Bias}）$$

式中，Activation Function 是激活函数；Weighted Sum of Inputs 是输入信号的加权和；Bias 是偏置，即输出结果 $y=$ 激活函数 $f\left[k(x)+b\right]$。

（二）神经网络技术原理

多个人工神经元可以被组织成层（Layer），常见的层有输入层、隐藏层和输出层。输入层接收外部输入，输出层产生神经网络的输出，而隐藏层则在输入层和输出层之间进行信息处理。层与层之间的神经元可以相互连接，形成神经网络的拓扑结构，如图 1-2-6 所示。

1）输入层：接收外部信息，将外部信息转化为神经元可以处理的信息。

2）隐藏层：隐藏层的神经元接收输入层的信息，并将信息进行处理，生成新的信息。

3）输出层：输出层的神经元接收隐藏层的信息，并将信息转换为外部可以理解的信息，从而完成机器学习任务。

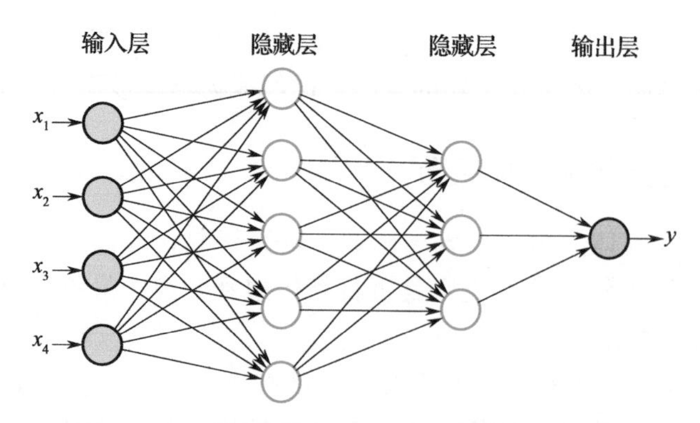

图 1-2-6　信息流程：输入层→隐藏层→输出层

训练神经网络通常采用反向传播算法，该算法通过计算网络输出与实际标签之间的误差，并根据误差来调整每个神经元的参数。该过程是迭代进行的，直到网络的输出与实际标签的误差达到最小值。

（三）常见的深度学习算法

1. 卷积神经网络

卷积神经网络是一种深度学习技术，它使用卷积运算来提取图像中的特征，以实现图像分类和识别。它的结构类似于人类视觉系统，可以模拟人类的视觉感知过程，因此可以在图像分类和识别任务上取得更好的效果，如图 1-2-7 所示。

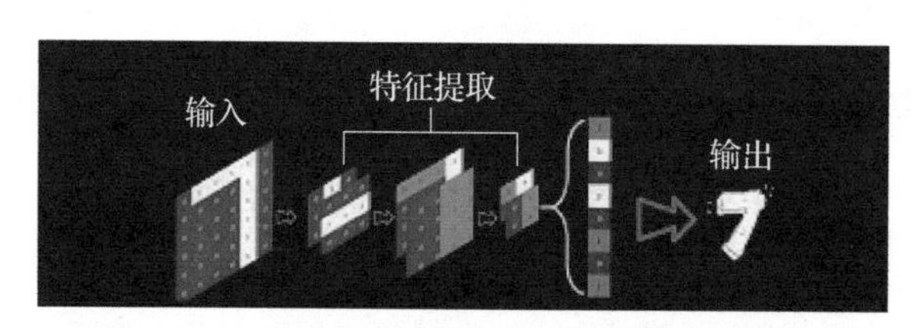

图 1-2-7　卷积神经网络提取数字 7 流程架构

2. 循环神经网络

循环神经网络（Recurrent Neural Network，RNN）是一种特殊的神经网络，它具有循环结构，能够处理具有时间和序列特征的数据。RNN 具有记忆功能，能够记住之前某个时刻的信息，并在之后的时刻使用这些信息。RNN 在自然语言处理、语音识别、机器翻译、机器学习、时间序列分析等领域有着广泛的应用。

3. 生成对抗网络

生成对抗网络（GAN）是一种神经网络架构，用于生成新的有趣的图像或文本。它通过分别训练两个模型（生成器和判别器）来完成任务，其中生成器用于生成新的图像，判别器用于判断图像的真实性。这两个模型互相抵消，使得生成器可以生成更加真实的图像。

生成对抗网络近年来在众多领域中获得了广泛的应用并成为热门。例如，在自然语言应用领域，可以用于对话系统中的回复生成、文本摘要、语音转换文本等任务，如图 1-2-8 所示。

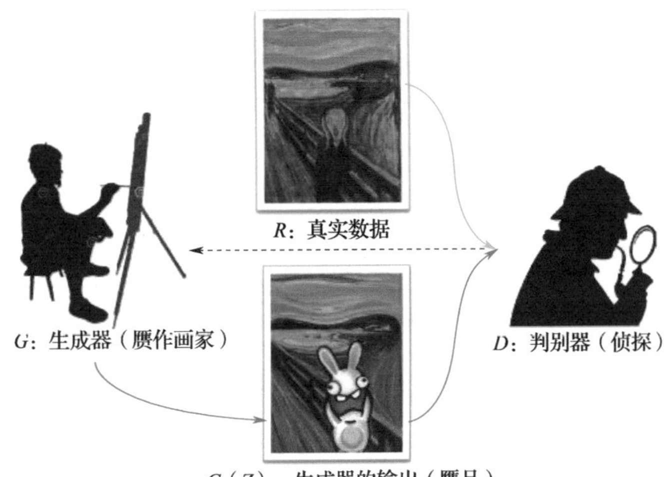

图 1-2-8　生成对抗网络——生成器和判别器

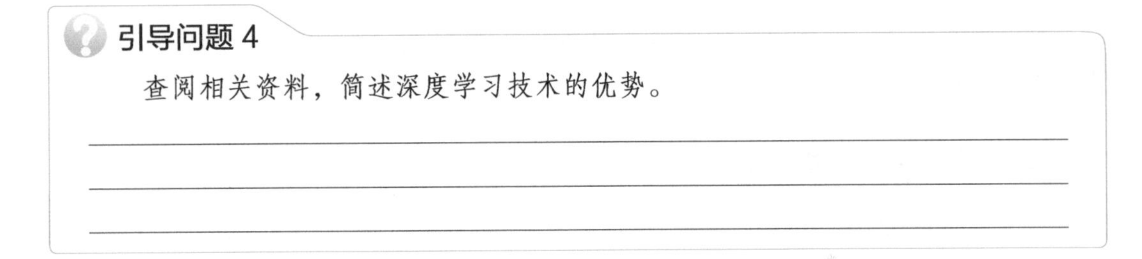

引导问题 4

查阅相关资料，简述深度学习技术的优势。

深度学习技术的优势与应用

（一）深度学习技术的优势

深度学习是一种基于神经网络的机器学习方法，它使用多层次的神经网络来解决复杂的问题。相比传统的机器学习方法，深度学习具有诸多优势，如高效的特征提取能力、更高的计算效率、更强的泛化能力等，如图 1-2-9 所示。

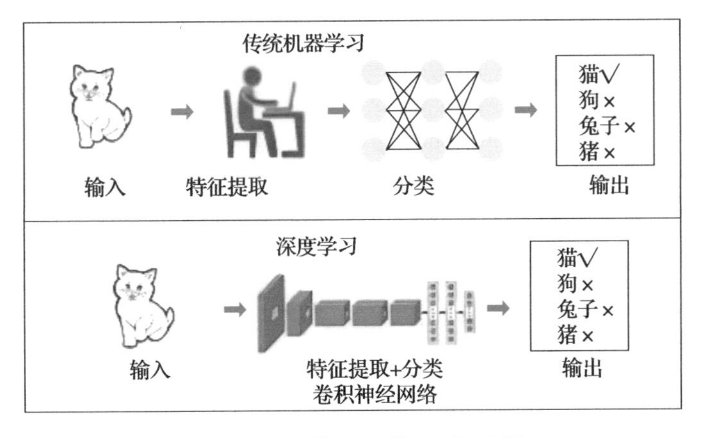

图 1-2-9　传统机器学习和深度学习

1. 深度学习具有更强大的特征提取能力

深度神经网络可以通过多个层次的变换，从原始输入数据中自动学习和提取出具有高度表征能力的表征信息，可以更好地捕捉数据的本质特征，从而更准确地预测结果及完成后续任务，如图 1-2-10 所示。

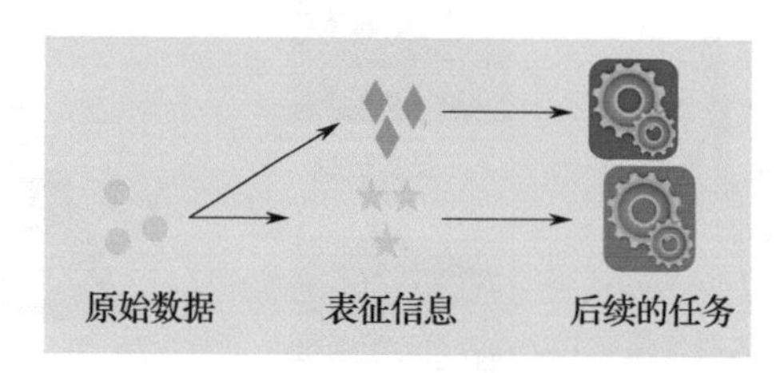

图 1-2-10　特征提取

2. 深度学习模型具有更高的计算效率

深度学习模型可以利用大量的计算资源，从而更快地训练模型，提高计算效率。

3. 深度学习模型具有更强的泛化能力

深度学习模型可以从训练数据中学习到更多的特征，从而提高模型的泛化能力，更好地应用到新数据中。

（二）深度学习技术的应用

1. 深度学习与语音识别

深度学习模型可以分析人类语音，尽管说话模式、音调、语气、语言和口音不尽相同。虚拟助手（如 Amazon Alexa）和自动转录软件使用语音识别可执行以下任务。

1）帮助呼叫中心座席并对呼叫进行自动分类。

2）将临床对话实时转换为文档。

3）为视频和会议记录添加准确的字幕以实现更广泛的内容覆盖范围。

2. 深度学习与自动驾驶汽车

汽车研发人员正在使用深度学习来自动检测物体，如停车标志和红绿灯。此外，深度学习还用于探查行人，这有助于减少交通事故。

3. 深度学习与计算机视觉

计算机视觉是指计算机从图像和视频中提取信息及见解的能力。计算机可以使用深度学习技术来理解图像，就像人类一样。计算机视觉具有多种应用，如下所示。

1）内容审核：用于从图像和视频归档中自动删除不安全或不适当的内容。

2）面部识别：用于识别面部和多项属性，如睁开的眼睛、眼镜以及面部毛发。

3）图像分类：用于识别品牌徽标、服装、安全装备和其他图像细节。

4. 深度学习与自然语言处理

计算机使用深度学习算法从文本数据和文档中收集见解和意义。这种处理自然的、人工创建的文本的能力有多种使用场景，包括在以下功能中。

1）自动虚拟座席和聊天机器人。

2）自动总结文件或新闻文章。

3）长格式文档（如电子邮件和表格）的业务情报分析。

4）用于表示情绪（如社交媒体上的正面和负面评论）的关键短语索引。

引导问题 5

查阅相关资料，简述产业中人工智能项目实现周期。

____

____

____

人工智能项目实现周期

人工智能项目是指利用人工智能技术来解决实际问题的研究项目，其中包括机器学习、自然语言处理、机器视觉等技术。这些技术可以应用于自动驾驶、语音识别、智能家居等领域，实现智能化的解决方案。

人工智能项目的周期取决于项目的规模和复杂程度，一般会分为以下几个阶段：需求分析→数据收集→模型训练→模型评估→模型部署。

（一）需求分析

在这个阶段，需要确定项目的目标、评估需求、设计概念，并确定可行性。

（二）数据收集

在这个阶段，需要收集用于训练人工智能模型的数据。

（三）模型训练

在模型训练过程中，目标是尽可能减小模型预测值与实际值之间的差异。

（四）模型评估

在这个阶段，需要评估模型的性能，并对其进行优化。

（五）模型部署

人工智能模型部署是指将训练好的模型应用于实际场景的过程，是人工智能项目的最终目标。常见的部署方式有云端部署、边缘部署、本地部署、移动端部署。

任务分组

学生任务分配表

<table>
<tr><td>班级</td><td></td><td>组号</td><td></td><td>指导老师</td><td></td></tr>
<tr><td>组长</td><td></td><td>学号</td><td colspan="3"></td></tr>
<tr><td colspan="6">组员角色分配</td></tr>
<tr><td>信息员</td><td></td><td>学号</td><td colspan="3"></td></tr>
<tr><td>操作员</td><td></td><td>学号</td><td colspan="3"></td></tr>
<tr><td>记录员</td><td></td><td>学号</td><td colspan="3"></td></tr>
<tr><td>安全员</td><td></td><td>学号</td><td colspan="3"></td></tr>
<tr><td colspan="6">任务分工</td></tr>
<tr><td colspan="6">（就组织讨论、工具准备、数据采集、数据记录、安全监督、成果展示等工作内容进行任务分工）</td></tr>
</table>

工作计划

按照前面所了解的知识内容和小组内部讨论的结果，制定工作方案，落实各项工作负责人，如任务实施前的准备工作、实施中主要操作及协助支持工作、实施过程中相关要点及数据的记录工作等。

工作计划表

步骤	工作内容	负责人
1		
2		
3		
4		
5		
6		
7		
8		

进行决策

1）各组派代表阐述资料查询结果。

2）各组就各自的查询结果进行交流，并分享技巧。

3）教师结合各组完成的情况进行点评，选出最佳方案。

任务实施

完成资料查询，并填写工单。

<table>
<tr><th colspan="2">调研分析人工智能关键技术工单</th></tr>
<tr><th>记录</th><th>完成情况</th></tr>
<tr><td>1. 机器学习技术的原理是什么？运用机器学习技术的通常流程是？
____
____
________________</td><td rowspan="4">已完成□
未完成□</td></tr>
<tr><td>2. 深度学习技术的原理是什么？
____
____
________________</td></tr>
<tr><td>3. 相比于机器学习技术，深度学习技术有哪些优势？一般应用于哪些地方？
____
____
________________</td></tr>
<tr><td>4. 产业中实施人工智能项目的典型流程是？
____
____
________________</td></tr>
</table>

<table>
<tr><th colspan="4">6S 现场管理</th></tr>
<tr><th>序号</th><th>操作步骤</th><th>完成情况</th><th>备注</th></tr>
<tr><td>1</td><td>建立安全操作环境</td><td>已完成□　未完成□</td><td></td></tr>
<tr><td>2</td><td>清理及整理工具、量具</td><td>已完成□　未完成□</td><td></td></tr>
<tr><td>3</td><td>清理及复原设备正常状况</td><td>已完成□　未完成□</td><td></td></tr>
<tr><td>4</td><td>清理场地</td><td>已完成□　未完成□</td><td></td></tr>
<tr><td>5</td><td>物品回收和环保</td><td>已完成□　未完成□</td><td></td></tr>
<tr><td>6</td><td>完善和检查工单</td><td>已完成□　未完成□</td><td></td></tr>
</table>

评价反馈

1）各组代表展示汇报 PPT，介绍任务的完成过程。

2）以小组为单位，对各组的操作过程与操作结果进行自评和互评，并将结果填入综合评价表中的小组评价部分。

3）教师对学生工作过程与工作结果进行评价，并将评价结果填入综合评价表中的教师评价部分。

综合评价表

班级		组别		姓名		学号	
实训任务							
评价项目		评价标准				分值	得分
小组评价	计划决策	制定的工作方案合理可行，小组成员分工明确				10	
	任务实施	调研分析机器学习技术原理与流程				20	
		调研分析深度学习技术的原理				10	
		调研分析深度学习技术的优势与应用场景				20	
		调研分析人工智能项目的实现周期				10	
	任务达成	能按照工作方案操作，按计划完成工作任务				10	
	工作态度	认真严谨、积极主动				10	
	团队合作	小组组员积极配合、主动交流、协调工作				5	
	6S 管理	将鼠标、键盘、桌椅进行归位				5	
	小计					100	
教师评价	实训纪律	不出现无故迟到、早退、旷课现象，不违反课堂纪律				10	
	方案实施	严格按照工作方案完成任务实施				20	
	团队协作	任务实施过程互相配合，协作度高				20	
	工作质量	能准确完成任务实施的内容				20	
	工作规范	操作规范，三不落地，无意外事故发生				10	
	汇报展示	能准确表达，总结到位，改进措施可行				20	
	小计					100	
综合评分		小组评价分 ×50% ＋教师评价分 ×50%					
总结与反思							

（如：学习过程中遇到什么问题→如何解决的 / 解决不了的原因→心得体会）

任务三　调研分析人工智能技术在智能驾驶汽车中的应用

学习目标

- 了解人工智能技术在自动驾驶技术中的应用。
- 了解人工智能技术在智能座舱应用场景中的应用。
- 了解人工智能技术在智能汽车维护和管理中的应用。
- 能够列举三条以上人工智能在自动驾驶中的应用场景。
- 能够区分人工智能在自动驾驶中不同层面的应用，培养逻辑分析思维能力。

知识索引

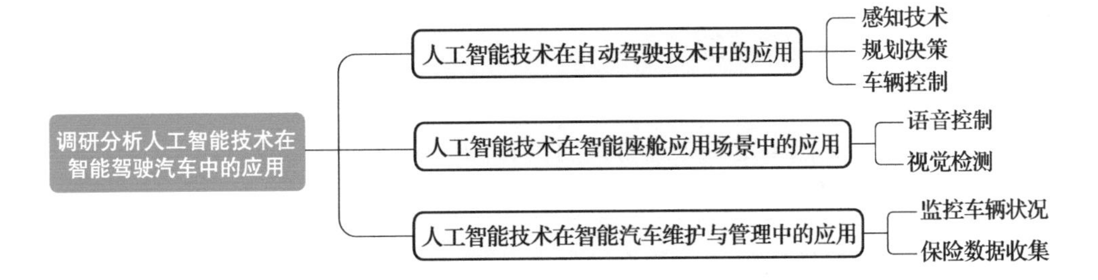

情境导入

某互联网科技公司打算寻找传统汽车制造厂商合作开发无人驾驶汽车，你作为该公司的市场方案人员，需要向传统汽车制造厂商介绍人工智能技术如何为传统汽车赋能。

获取信息

引导问题 1

查阅相关资料，简述人工智能技术在自动驾驶技术中的应用。

人工智能技术在自动驾驶技术中的应用

人工智能在自动驾驶技术中的应用始于 20 世纪 90 年代。当时美国国家公路交通安全管理局（NHTSA）的研究人员开始使用机器视觉技术来研究自动驾驶。他们开发了一种名为“自动车道控制（ALC）”的系统，该系统可以检测车辆前方的路况，并自动控制车辆的转向、加速和减速。此外，研究人员还利用机器学习技术来研究自动驾驶，以实现自动化的驾驶行为。

将人工智能应用于汽车自动驾驶，主要是将计算机视觉和机器学习与 GPS 定位技术、传感器技术、大数据技术等进行有机融合，获取大量的地图数据、行车轨迹数据、驾驶行为数据、场景数据等，并进行深度学习，进而制定精确的汽车路径规划和驾驶行为决策，实现汽车的自感知、自学习、自适应和自控制，实现对汽车的自动化、智能化控制。

（一）感知技术

汽车自动驾驶通过人工智能的环境感知功能，实现对汽车驾驶环境的全面、高效、无死角、无时差的感知，提供更加准确、精确、安全的驾驶轨迹预测和建议，从而提升驾驶安全性。

1. 即时的检测、识别和跟踪

利用传感器、激光雷达、摄像头、定位技术等对交通信号灯、交通标志、车道线、动态物体、车道轨迹、汽车定位等进行即时的检测、识别和跟踪。

2. 数据分析

利用深度学习和线性回归算法等支持数据分析。

（二）规划决策

通过大量的环境交互数据，利用深度学习和增强学习算法，实现对行车路径规划和驾驶行为决策的最优设计和即时提供，以提升汽车自动驾驶的安全性和精确性，如图 1–3–1 所示。

图 1–3–1　利用神经网络决定是否“超车”

（三）车辆控制

汽车自动驾驶中的车辆控制是指车辆在智能系统的控制指令下达后对车辆设备进行精确、即时操作，实现对汽车的自动控制。

人工智能对车辆的控制主要是通过模糊控制技术和模型预测控制技术等实现的。

1. 模糊控制技术

模糊控制技术是指智能系统对传感器传来的信息进行综合分析、计算和处理，通过模糊算法对控制指令的优先级进行判断，然后发布操作指令，对汽车控制模块进行电气控制。

2. 模型预测控制技术

模型预测控制技术是指将大量的模型控制数据和情况推理过程等形成的数据信息提供给智能系统进行深度学习，然后对汽车的实际情况进行分析，和模型控制数据进行比对、模拟和预测。

引导问题 2

查阅相关资料，简述人工智能技术在智能座舱中的应用。

____

____

____

人工智能技术在智能座舱应用场景中的应用

人工智能可以用来实现智能座舱应用场景中的智能交互，如语音控制、视觉检测（图 1–3–2）。

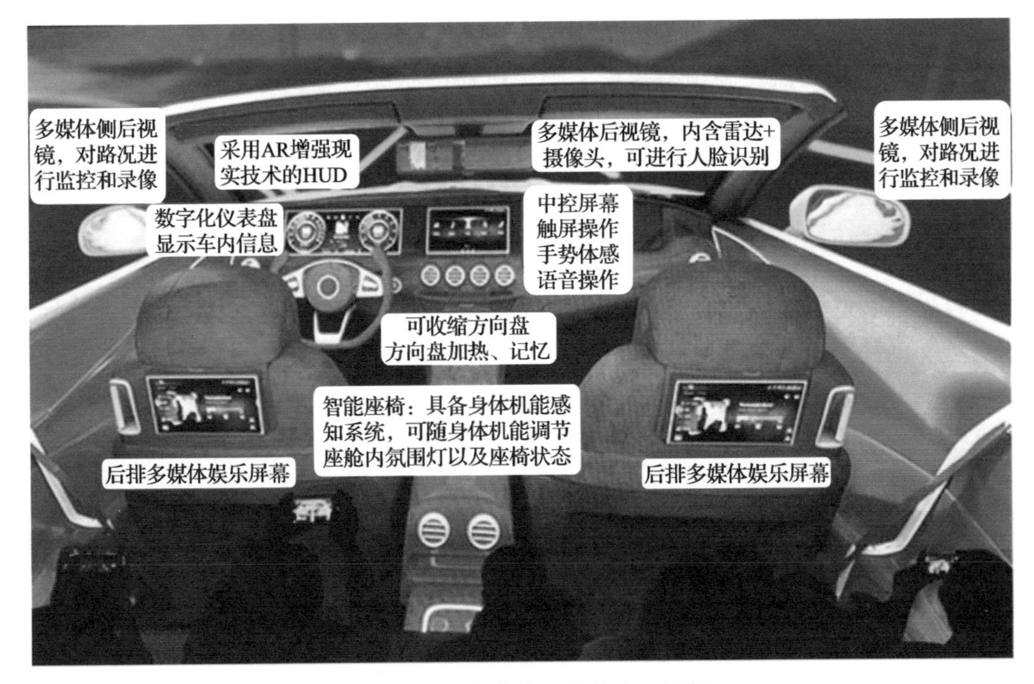

图 1–3–2　智能交互中的人工智能

（一）语音控制

语音控制可以用于自动驾驶汽车，控制车辆的许多功能，如气候控制、导航和音频系统。它也可以用于控制车辆的安全功能，如车道偏离警告和自动紧急制动。

此外，语音控制还可以向驾驶员提供有关车辆当前状态的信息，如燃油量、速度和位置。

（二）视觉检测

智能座舱中的视觉交互技术可以通过视觉识别技术，如人脸识别、虹膜识别、指纹识别等，实现对乘客的身份验证，从而实现安全的乘车体验。

此外，还可以应用如虚拟现实、增强现实等技术，在座舱内提供虚拟娱乐内容，让乘客在旅途中更加舒适。

引导问题 3

查阅相关资料，简述人工智能技术在智能汽车维护与管理中的应用。

____

____

____

人工智能技术在智能汽车维护与管理中的应用

（一）监控车辆状况

预测性维护采用监控和预测建模来确定机器的状况，并预测可能发生故障的内容以及何时会发生。它尝试预测未来的问题，而不是已经存在的问题。在这方面，人工智能技术可以为自动驾驶汽车提供预测性维护。

（二）保险数据收集

来自车辆的数据日志包含有关驾驶员行为的信息，这些信息可用于交通事故分析。在自动驾驶汽车中，这些数据可用于处理保险索赔。

任务分组

学生任务分配表

班级		组号		指导老师	
组长		学号			
组员角色分配					
信息员		学号			
操作员		学号			
记录员		学号			
安全员		学号			

（续）

任务分工
（就组织讨论、工具准备、数据采集、数据记录、安全监督、成果展示等工作内容进行任务分工）

工作计划

按照前面所了解的知识内容和小组内部讨论的结果，制定工作方案，落实各项工作负责人，如任务实施前的准备工作、实施中主要操作及协助支持工作、实施过程中相关要点及数据的记录工作等。

工作计划表

步骤	工作内容	负责人
1		
2		
3		
4		
5		
6		
7		
8		

进行决策

1）各组派代表阐述资料查询结果。

2）各组就各自的查询结果进行交流，并分享技巧。

3）教师结合各组完成的情况进行点评，选出最佳方案。

任务实施

完成相关资料的查询，并填写工单。

调研分析人工智能技术在智能驾驶汽车中的应用工单	
记录	**完成情况**
1. 列举人工智能技术在自动驾驶技术中的应用。 ______ ______ ______ ______ ______ 2. 列举人工智能技术在智能座舱应用场景中的应用。 ______ ______ ______ ______ ______ 3. 列举人工智能技术在智能汽车维护与管理中的应用。 ______ ______ ______ ______ ______	已完成□ 未完成□

6S 现场管理			
序号	**操作步骤**	**完成情况**	**备注**
1	建立安全操作环境	已完成□　未完成□	
2	清理及整理工具、量具	已完成□　未完成□	
3	清理及复原设备正常状况	已完成□　未完成□	
4	清理场地	已完成□　未完成□	
5	物品回收和环保	已完成□　未完成□	
6	完善和检查工单	已完成□　未完成□	

评价反馈

1）各组代表展示汇报 PPT，介绍任务的完成过程。

2）以小组为单位，对各组的操作过程与操作结果进行自评和互评，并将结果填入综合评价表中的小组评价部分。

3）教师对学生工作过程与工作结果进行评价，并将评价结果填入综合评价表中的教师评价部分。

综合评价表

<table>
<tr><td>班级</td><td></td><td>组别</td><td></td><td>姓名</td><td></td><td>学号</td><td></td></tr>
<tr><td colspan="2">实训任务</td><td colspan="6"></td></tr>
<tr><td colspan="2">评价项目</td><td colspan="4">评价标准</td><td>分值</td><td>得分</td></tr>
<tr><td rowspan="9">小组评价</td><td>计划决策</td><td colspan="4">制定的工作方案合理可行，小组成员分工明确</td><td>10</td><td></td></tr>
<tr><td rowspan="3">任务实施</td><td colspan="4">列举人工智能技术在自动驾驶技术中的应用</td><td>20</td><td></td></tr>
<tr><td colspan="4">列举人工智能技术在智能座舱应用场景中的应用</td><td>20</td><td></td></tr>
<tr><td colspan="4">列举人工智能技术在智能汽车维护与管理中的应用</td><td>20</td><td></td></tr>
<tr><td>任务达成</td><td colspan="4">能按照工作方案操作，按计划完成工作任务</td><td>10</td><td></td></tr>
<tr><td>工作态度</td><td colspan="4">认真严谨、积极主动</td><td>10</td><td></td></tr>
<tr><td>团队合作</td><td colspan="4">小组组员积极配合、主动交流、协调工作</td><td>5</td><td></td></tr>
<tr><td>6S 管理</td><td colspan="4">将鼠标、键盘、桌椅进行归位</td><td>5</td><td></td></tr>
<tr><td colspan="5">小计</td><td>100</td><td></td></tr>
<tr><td rowspan="7">教师评价</td><td>实训纪律</td><td colspan="4">不出现无故迟到、早退、旷课现象，不违反课堂纪律</td><td>10</td><td></td></tr>
<tr><td>方案实施</td><td colspan="4">严格按照工作方案完成任务实施</td><td>20</td><td></td></tr>
<tr><td>团队协作</td><td colspan="4">任务实施过程互相配合，协作度高</td><td>20</td><td></td></tr>
<tr><td>工作质量</td><td colspan="4">能准确完成任务实施的内容</td><td>20</td><td></td></tr>
<tr><td>工作规范</td><td colspan="4">操作规范，三不落地，无意外事故发生</td><td>10</td><td></td></tr>
<tr><td>汇报展示</td><td colspan="4">能准确表达，总结到位，改进措施可行</td><td>20</td><td></td></tr>
<tr><td colspan="5">小计</td><td>100</td><td></td></tr>
<tr><td colspan="2">综合评分</td><td colspan="5">小组评价分 ×50% ＋教师评价分 ×50%</td><td></td></tr>
<tr><td colspan="8">总结与反思</td></tr>
</table>

（如：学习过程中遇到什么问题→如何解决的 / 解决不了的原因→心得体会）

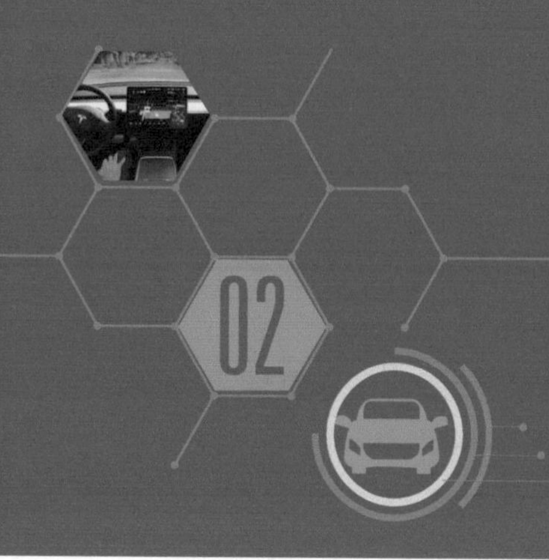

能力模块二 掌握 Python 人工智能的基础应用

任务一　认知 Python 基础命令

学习目标

- 了解人工智能项目开发方式。
- 了解 Python 的变量以及变量赋值。
- 了解 Python 标准数据类型以及数据类型之间的转换。
- 了解 Python 变量运算及运算符优先级。
- 了解 Python 的选择和循环语句以及函数。
- 了解 Python 的虚拟环境和环境变量。
- 掌握 Python 的安装及其环境的搭建。
- 掌握 Python 编译器 Jupyter Notebook 的安装和启动。培养勤于实践的职业习惯。

知识索引

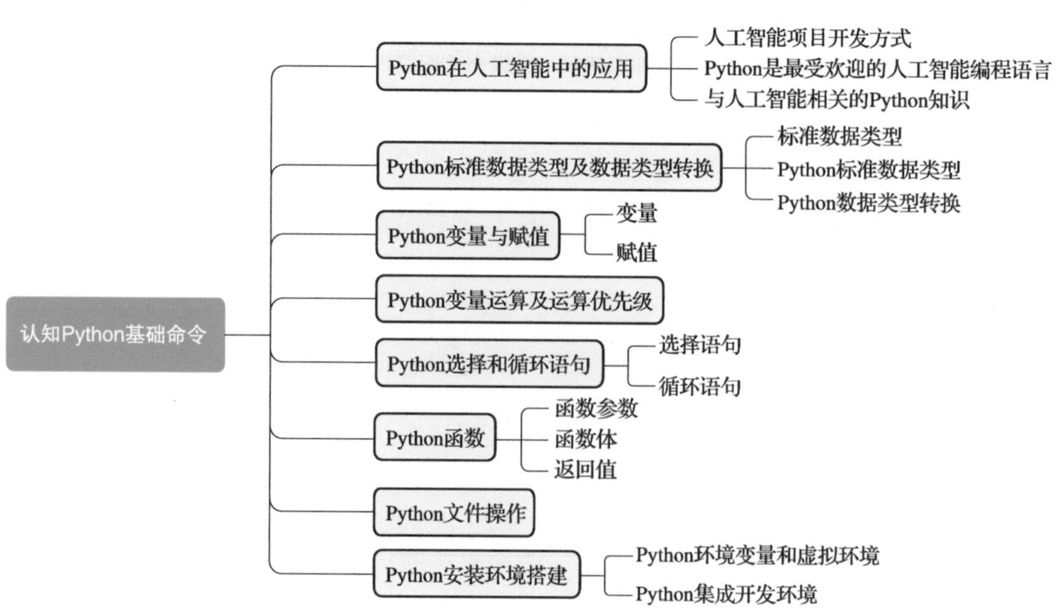

情境导入

某专注于汽车行业的传统商业咨询公司计划开发属于自己公司内部的可视化商业智能（Business Intelligence，BI）产品，以帮助汽车公司、经销商、零部件供应商等各种与汽车行业相关的企业进行数据分析和决策支持。作为团队中的 Python 助理工程师，你的岗位职责是协助开发团队进行调试、测试等事宜。现需要你为团队搭建好 Python 的开发环境，并运行一些 Python 的基础命令测试开发环境，方便团队后续对项目的开发。

获取信息

引导问题 1

查阅相关资料，简述 Python 是人工智能最受欢迎的编程语言的原因。

____

____

____

Python 在人工智能中的应用

（一）人工智能项目开发方式

人工智能项目开发主要有两种方式：无代码平台化开发方式和编程开发方式。

1. 无代码开发

无代码开发人工智能项目是指使用可视化工具来构建和部署人工智能应用，而无需编写代码。常用的平台有 Google AutoML、BigML、H20.ai、Azure ML Studio。

例如，Azure ML Studio，是微软开发的基于云计算的机器学习平台，其提供了一个可视化界面，通过拖拽功能模块可以轻松创建和调整机器学习模型，并使用云计算资源进行计算，如图 2-1-1 所示。

2. 编程语言开发人工智能项目

常用的开发人工智能项目的编程语言有 Python、Java、C++ 等。

无代码开发可以快速构建出一个原型，快速验证设计的想法，但无法实现复杂的功能，可扩展性差，无法满足项目的长期发展需求。

使用编程语言实现人工智能项目的开发，可掌握项目的实现过程，从而更好地改进和调整项目的功能。

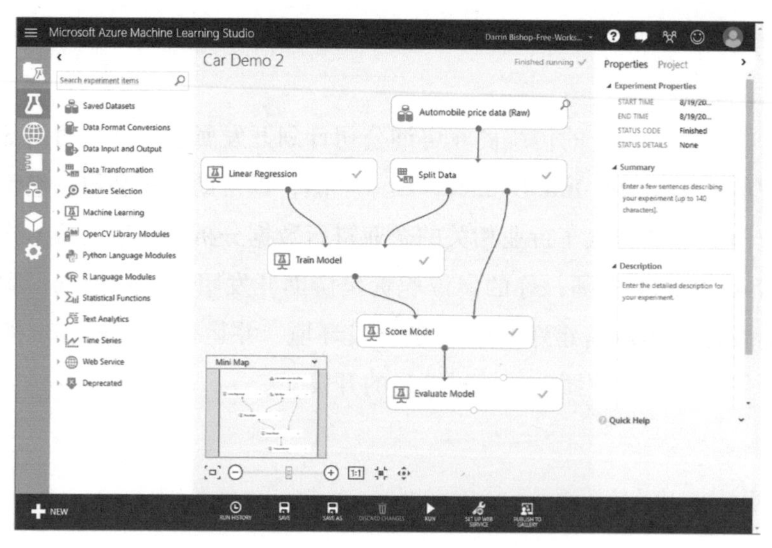

图 2-1-1　Azure ML Studio 的编辑界面

（二）Python 是最受欢迎的人工智能编程语言

Python 是当今人工智能领域最受欢迎的编程语言。它具有强大的数据处理能力、简单易学的语法结构以及丰富的第三方库，为开发人工智能项目提供了强大的支持。

1. 简单易学的语法结构

和传统的 C/C++、Java、C# 等语言相比，Python 结构简单，例如，定义变量时不需要指明数据类型，允许给同一个变量赋值不同类型的数据。

2. 强大的数据处理能力

Python 拥有强大的数据处理能力，可以帮助开发者快速处理大量数据，提高工作效率，满足各种复杂的数据处理需求。

1）Python 拥有丰富的数据结构，支持列表、字典、元组等多种数据结构，可以方便地操作和处理数据。

2）Python 支持类似 Numpy 和 Pandas 的数据处理模块，可以快速处理大量数据。

3）Python 拥有多种数据可视化工具，可以将处理后的数据可视化，更容易理解和分析数据。

3. 优秀的跨平台性和兼容性

Python 具有良好的跨平台性和兼容性，使得人工智能项目的开发和部署可以在多种操作系统上运行，并且可以在不同的处理器架构上运行。

1）跨平台性：支持 Linux、Windows、Mac OS X 等操作系统。

2）兼容性：支持 x86、ARM 和 PowerPC 等处理器架构。

（三）与人工智能相关的 Python 知识

随着人工智能技术的飞速发展，Python 编程语言成了实现人工智能的最佳选择。

学习人工智能技术需要掌握的 Python 相关知识见表 2-1-1。

表 2-1-1　与人工智能相关的 Python 知识

Python 基础知识	语法、变量、数据类型、控制结构、函数、类、模块等
Python 数据科学库	Numpy、Pandas、Matplotlib、SciPy 等
机器学习和深度学习库	Scikit-Learn、TensorFlow、Keras 等
计算机视觉库	OpenCV、Pillow、scikit-image 等
自然语言处理库	NLTK、Stanford NLP、Gensim 等
语音识别库	SpeechRecognition、PyAudio 等

在 Python 中，一系列类、函数会被封装在模块中，构成一个个优秀的库（Library），方便用户在各种场合使用。简而言之库是指封装特定的功能，完成特定任务的文件。其中由 Python 官方提供的库称作标准库（Standard Library），其他由社区贡献的库称为第三方库（Third Library）。

库在 Python 的使用过程中至关重要，Python 很多功能的实现都依靠其标准库和第三方库，无需程序员重复编写代码，避免了重复“造轮子”现象。

引导问题 2

查阅相关资料，简述 Python 的标准数据类型。

____

____

____

Python 标准数据类型及数据类型转换

（一）标准数据类型

标准数据类型是指编程语言中定义的一组有限的数据类型，用于定义一个程序中的变量、常量、表达式等。其作用是给程序员提供一种方便的方式来表示和操作数据，从而提高程序的可读性和可维护性。

（二）Python 标准数据类型

存储在内存中的数据可以有多种类型。例如，一个人的年龄存储为一个数值，他或她的地址存储为字母、数字、字符。

在 Python 中每一个变量都有指定的变量类型，即 Python 标准数据类型，用于定义数据可能进行的操作以及每种数据的存储方法。

Python 标准数据类型包括数字［整型（int）、浮点型（float）］、字符串（str）、布尔型（bool）、列表（list）、元组（tuple）和字典（dict）等。

1. 数字

数字数据类型用于存储数值。

例：var1 = 1，var2 = 10

2. 字符串

字符串或串（string）是由数字、字母、下画线组成的一串字符，它是表示文本的数据类型。例：s = 'i love python'

3. 布尔型

布尔型（bool）是 Python 中的一种数据类型，用于表示真（True）或假（False）的值。布尔型常用于条件判断和逻辑运算。

例：

x = 2 > 1 # x 的值为 True

y = 1 == 2 #y 的值为 False

4. 列表

列表可以完成大多数集合类的数据结构实现。它支持字符、数字、字符串，甚至可以包含列表（即嵌套）。

例：list = ['apple', 'jack', 798, 2.22, 36]

5. 元组

元组是另一种数据类型，类似于 list（列表）。元组用“( )”标识，内部元素用逗号隔开。元组不能二次赋值，相当于只读列表。

例：Tuple =（"a", "b", "c", "d"）Tuple =（[1, 2, 3], "a", 3,）

6. 字典

字典（dictionary）是除列表以外 Python 中最灵活的内置数据结构类型。列表是有序的对象集合，字典是无序的对象集合。两者之间的区别在于：字典中的元素是通过键来存取的，而不是通过偏移存取。字典用“{ }”标识。字典由索引（key）和对应的值（value）组成。

例：dict = {'name': 'yqq', 'school': 'bj', 'age': 25}

（三）Python 数据类型转换

有时候需要对数据内置的类型进行转换。数据类型的转换，一般情况下只需要将数据类型作为函数名即可。

Python 数据类型转换可以分为两种，即隐式类型转换和显式类型转换，如图 2-1-2 所示。

1. 隐式类型转换

例如，对两种不同类型的数据进行运算，较低数据类型（整数）就会自动转换为较高数据类型（浮点数），以避免数据丢失，如图 2-1-3 所示。

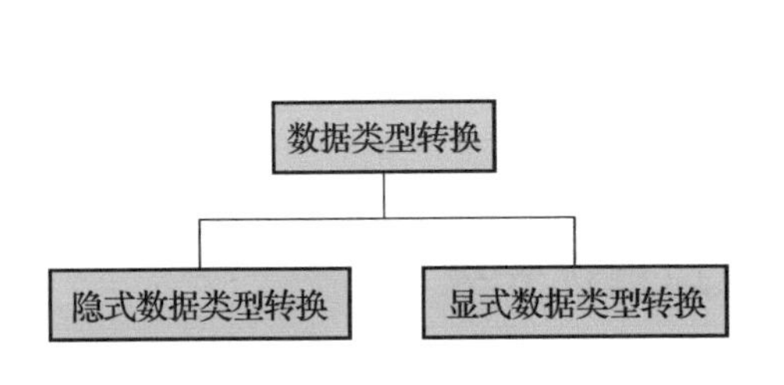

图 2-1-2　Python 两大数据类型转换方式

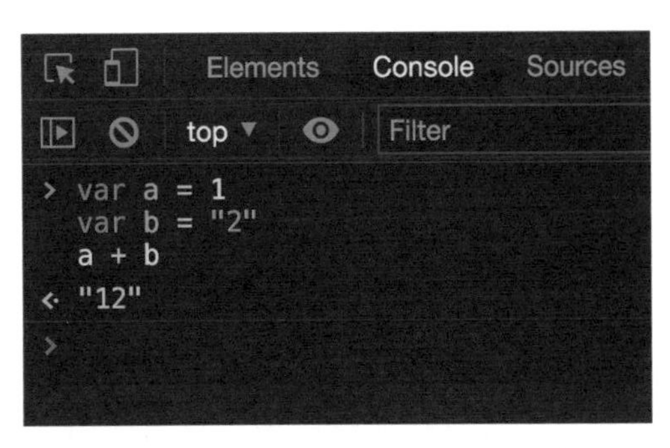

图 2-1-3　Python 隐式类型转换示例

2. 显式类型转换

通过使用 int（）、float（）、str（）等预定义函数，限制已定义类型变量的类型，以执行显式类型转换。

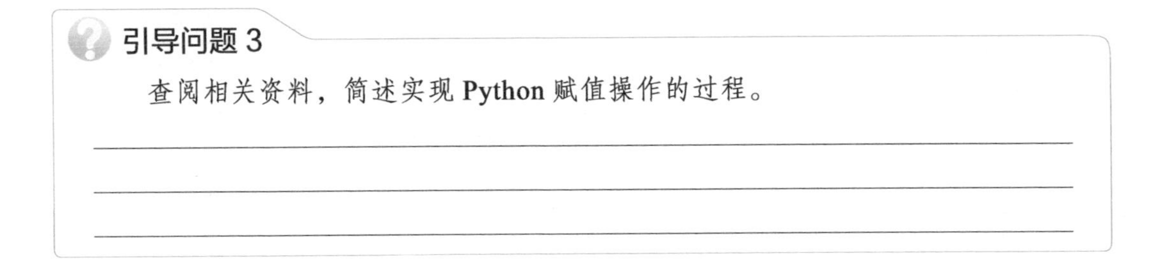

引导问题 3

查阅相关资料，简述实现 Python 赋值操作的过程。

Python 变量与赋值

（一）变量

变量可以看成是一个小箱子，专门用来“盛装”程序中的数据。每个变量都拥有独一无二的名字，通过变量的名字就能找到变量中的数据。如图 2-1-4 所示，图中“a”是变量的名字，“3”是存放在这个变量中的数据。

（二）赋值

在编程语言中，将数据放入变量的过程称为赋值（Assignment）。Python 使用等号“=”作为赋值运算符，如图 2-1-4 中所示的“a=3”。

任何编程语言都需要处理数据，如数字、字符串、字符等，可以直接使用数据，也可以将数据保存到变量中，方便以后使用。

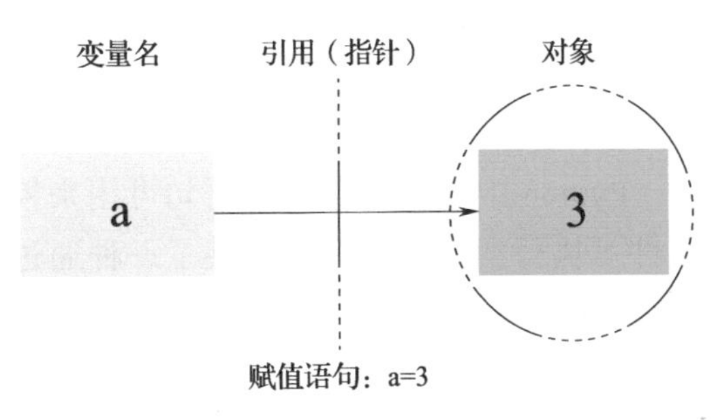

图 2-1-4　Python 变量赋值——将“3”赋值到“a”中

引导问题 4

查阅相关资料，简述实现 Python 变量运算的优先顺序。

____

____

____

Python 变量运算及运算优先级

变量运算又称变量操作，是指使用变量来完成数学计算的过程。Python 变量运算包括加减乘除、取余、比较运算等。Python 运算符也称 Python 操作符，主要包含算术运算符、比较运算符、赋值运算符、逻辑运算符、成员运算符。Python 主要运算符优先级说明见表 2–1–2。

表 2–1–2　Python 主要运算符优先级说明

运算符说明	Python 运算符	优先级
算术运算符	+、–、*、/、%、//	从左至右
比较运算符	==、!=、<、>、<=、>=	从左至右
赋值运算符	=、+=、–=、*=、/=	从右至左
逻辑运算符	and、or、not	从左至右
成员运算符	in、not in	从左至右

按照优先级排序，括号 > 比较运算符 > 逻辑运算符 > 成员运算符 > 算术运算符 > 赋值运算符。

引导问题 5

查阅相关资料，简述 Python 基本语句类型。

____

____

____

Python 选择和循环语句

Python 中的选择和循环语句可用来控制程序的执行流程。它们可以让程序在特定条件下执行不同的操作，提供了一种通过条件来控制代码执行顺序的方法，从而实现更复杂的功能。

（一）选择语句

选择语句包括 if、elif 和 else 语句，用于根据某个条件来执行不同的代码块。

1. if 语句

检查一个条件，如果条件为真，则执行相应的代码块，如果条件为假，则跳过代码块。

2. elif 语句

用于检查其他条件，如果条件为真，则执行相应的代码块，如果条件为假，则跳过代码块。

3. else 语句

用于在所有条件都不满足的情况下执行代码块。

（二）循环语句

循环语句包括 while 循环和 for 循环，用于重复执行一个代码块。

1. while 循环

检查一个条件，如果条件为真，则重复执行代码块，直到条件为假。

2. for 循环

用于遍历一个集合中的每个元素，每次循环都会执行一次代码块，直到遍历完所有元素。

引导问题 6

查阅相关资料，简述 Python 函数的关键概念。

____

____

____

Python 函数

函数是一个可以接收输入，并返回一个输出的可重复使用的代码块。函数可以组织代码，减少重复，并使程序更容易维护和调试。

Python 有许多内建函数，如 print ( )。同时 Python 也提供创建函数的功能，即用户可以自定义函数，如图 2-1-5 所示。

Python 函数关键概念有函数参数、函数体、返回值。

（一）函数参数

函数参数是指函数定义时声明的变量，用于接收外部传入的实参值，以便在函数体内使用。

（二）函数体

函数体是函数定义中的一部分，用于定义函数执行的功能。函数体可以包含多条语句，也可以是空语句。

（三）返回值

函数返回值是函数执行的结果，可以是任何类型的值，也可以是空值，用于指示函数的执行结果，以便调用者可以根据返回值做出相应的处理。

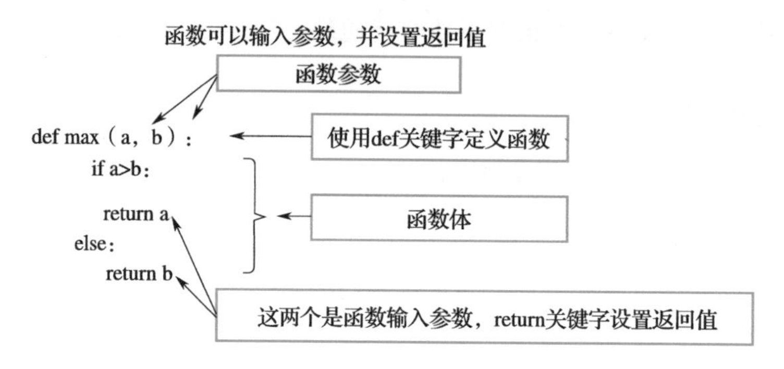

图 2-1-5　Python 用户自定义函数的结构

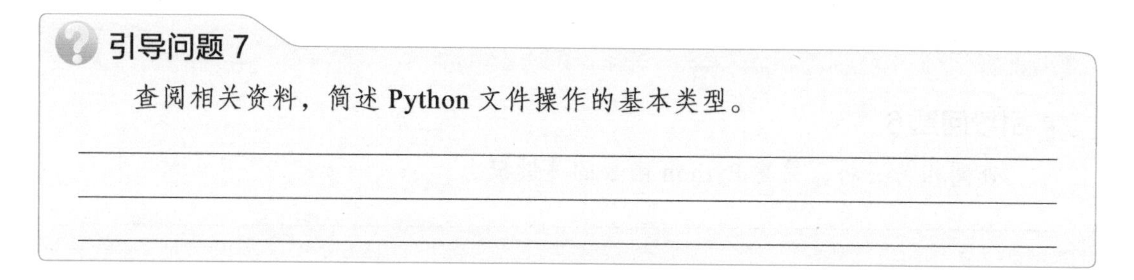

引导问题 7

查阅相关资料，简述 Python 文件操作的基本类型。

Python 文件操作

读取本地文件的时候，要将磁盘的数据复制到内存中，修改本地文件的时候，需要把修改后的数据复制到磁盘中，这些操作都需要用到文件的输入（Input）和输出（Output）功能，即编程语言中的文件 I/O 功能。

例如，把用键盘敲代码看作输入，那对应的输出便是显示器显示的图案，磁盘中的 I/O 是指硬盘和内存之间的输入输出，如图 2-1-6 所示。

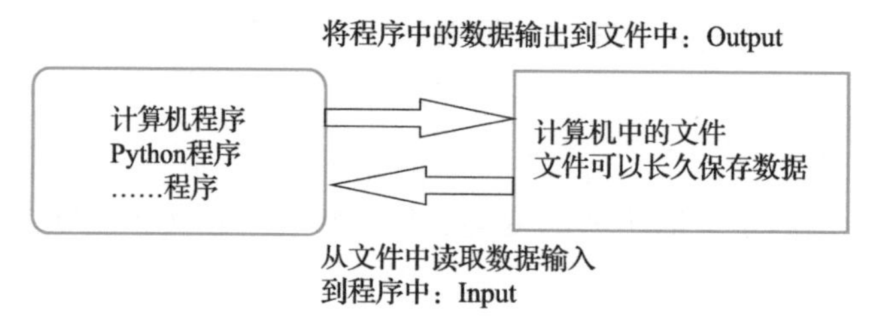

图 2-1-6　文件的输入与输出（文件 I/O 流程）

Python 提供了 I/O 函数，可实现文件的基本操作，例如，打开文件、读取和追加数据、插入和删除数据、关闭文件、删除文件等。Python 常用文件操作及解释说明见表 2-1-3。

表 2-1-3　Python 常用文件操作及其解释说明

Python 文件操作	解释说明
打开 / 关闭文件	使用 open ( ) 函数打开文件，使用 close ( ) 函数关闭文件
读写文件	使用 read ( ) 函数读取文件，使用 write ( ) 函数写入文件
查找文件	使用 os.walk ( ) 函数查找文件
文件复制	使用 shutil.copy ( ) 函数复制文件
文件移动	使用 shutil.move ( ) 函数移动文件
删除文件	使用 os.remove ( ) 函数删除文件

引导问题 8

查阅相关资料，简述如何搭建 Python 安装环境。

____

____

____

Python 安装环境搭建

（一）Python 环境变量和虚拟环境

Python 环境变量和虚拟环境是 Python 开发中两个重要的概念，它们可以帮助用户高效管理 Python 环境和应用程序。

1. Python 环境变量

环境变量是描述环境的变量，是指在操作系统中用来指定操作系统运行环境的变量。它包含了一个或者多个应用程序将使用到的信息。

例如，Windows 和 DOS 操作系统中的 PATH 环境变量，当要求系统运行一个程序而没有告诉它程序所在的完整路径时，系统除了在当前目录下寻找此程序外，还会到 PATH 中指定的路径去找。用户通过设置环境变量，当在系统中的命令行运行任何非默认程序时，系统会在当前文件夹或 Windows PATH 中查找可执行文件，用户无需在每一次运行程序的时候都输入程序的完整路径。运行 Python 的时候同样如此，只需在 Windows 操作系统上将 Python 添加到 PATH，就可以运行 Python 解释器、启动虚拟编程环境。

2. Python 虚拟环境

Python 应用程序经常需要使用第三方库，很多时候需要依赖特定库的版本，一个

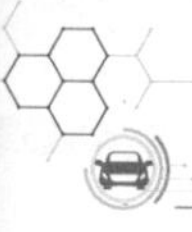

能够适应所有 Python 应用程序的环境是不存在的。很多时候不同的 Python 应用程序所依赖的版本会造成冲突，例如，应用程序 A 需要特定模块的 1.0 版本，但应用程序 B 需要 2.0 版本。这就意味着只安装其中一个版本可能无法满足每个应用程序的要求，此时可以使用虚拟环境来解决这一问题。

虚拟环境是一个包含了特定 Python 解析器以及所依赖的特定版本的第三方库，不同的应用程序可以使用不同的虚拟环境，从而解决了依赖冲突问题，而且虚拟环境只需要安装与应用相关的软件包或者模块，这可以给程序部署提供便利。Python 常用虚拟工具见表 2-1-4。

表 2-1-4　Python 常用虚拟工具

虚拟环境	解释说明
virtualenv	virtualenv 是一个创建独立 Python 环境的工具，它可以在不同的项目之间分隔和隔离 Python 环境
conda	conda 是一个开源的软件包管理系统，可以安装、运行和管理多个 Python 版本的软件包及其依赖关系
pyenv	pyenv 是一个 Python 版本管理工具，可用于在不同的 Python 版本之间切换，并且可以轻松地将应用程序部署到不同的环境中

（二）Python 集成开发环境

集成开发环境（Integrated Development Environment，IDE）是一种软件工具，用于支持软件开发人员编写、组织、测试和调试代码。IDE 通常提供一个集成的用户界面，以帮助开发人员更容易地编写、调试和测试代码。IDE 还通常提供源代码管理工具，以帮助开发人员组织和管理代码库。

Python 的集成开发环境（IDE）为开发者提供了一系列灵活的工具，可以有效地提高开发效率，提升代码质量。常见的 Python IDE 有 Anaconda、PyCharm、Spyder。

1. Anaconda

Anaconda 是一个由 Continuum Analytics 开发的 Python 发行版，它包含了 conda、Python 等 180 多个第三方库。Anaconda 的目标是简化软件包管理和部署。

Anaconda 兼容性强，在 Windows、Mac OS X 和 Linux 上都可以运行，支持 Python 2.7 和 Python 3.5 及更高版本。

Anaconda 提供了一个可以使用简单 pip 命令和 conda 命令安装第三方软件包的环境，可以用来编写和调试 Python 程序。

Anaconda 还提供了一个 Jupyter Notebook，可以用来创建和共享文档，其中包含代码、数学方程、可视化数据和其他更多内容。

2. Jupyter Notebook

Jupyter Notebook（图 2-1-7）是一种交互式编程环境，可以在其中记录代码、运行代码、查看结果、可视化数据，并在查看时输出结果。这些特性使 Jupyter Notebook

成为一款从执行端到数据科学工作流程端的便捷工具，可以用于数据清理、统计建模、构建和训练机器学习模型、可视化数据以及许多其他用途。Jupyter Notebook 是当前应用最广泛的人工智能项目程序运行工具。

图 2-1-7　Python Jupyter Notebook 图标

任务分组

学生任务分配表

班级		组号		指导老师	
组长		学号			
组员角色分配					
信息员		学号			
操作员		学号			
记录员		学号			
安全员		学号			
任务分工					
（就组织讨论、工具准备、数据采集、数据记录、安全监督、成果展示等工作内容进行任务分工）					

工作计划

按照前面所了解的知识内容和小组内部讨论的结果，制定工作方案，落实各项工作负责人，如任务实施前的准备工作、实施中主要操作及协助支持工作、实施过程中相关要点及数据的记录工作等。

工作计划表

步骤	工作内容	负责人
1		
2		

（续）

步骤	工作内容	负责人
3		
4		
5		
6		
7		
8		

进行决策

1）各组派代表阐述资料查询结果。

2）各组就各自的查询结果进行交流，并分享技巧。

3）教师结合各组完成的情况进行点评，选出最佳方案。

任务实施

扫描右侧二维码，了解搭建 Python 运行环境并进行基础命令测试的流程。

Python 基础命令测试和 Jupyter Notebook 使用

使用计算机设备完成 Python 安装环境搭建后，进行基础命令测试和 Jupyter Notebook 使用实训，并填写工单。

Python 基础命令测试和 Jupyter Notebook 使用实训工单

一、Jupyter Notebook 使用实训

步骤	记录	完成情况
1	新建 Notebook。在弹出的界面右上角单击“____”下拉按钮，选择 Python3	已完成□　未完成□
2	运行 Jupyter Notebook。在编辑界面的单元格内输入命令“____”，单击工具栏中的“____”按钮，输出“Hello，World!”	已完成□　未完成□
3	导出 Jupyter Notebook。在菜单栏单击“____”—“____”，弹出保存界面	已完成□　未完成□
4	保存 Jupyter Notebook	已完成□　未完成□

二、Python 基础命令练习

步骤	记录	完成情况
1	创建变量并赋值	已完成□　未完成□
2	对变量进行运算	已完成□　未完成□
3	转换变量的数据类型	已完成□　未完成□
4	构建选择和循环语句	已完成□　未完成□
5	创建函数	已完成□　未完成□
6	实现与文件的交互操作	已完成□　未完成□

评价反馈

1）各组代表展示汇报 PPT，介绍任务的完成过程。

2）以小组为单位，对各组的操作过程与操作结果进行自评和互评，并将结果填入综合评价表中的小组评价部分。

3）教师对学生工作过程与工作结果进行评价，并将评价结果填入综合评价表中的教师评价部分。

综合评价表

<table>
<tr><th>班级</th><td></td><th>组别</th><td></td><th>姓名</th><td></td><th>学号</th><td></td></tr>
<tr><th colspan="2">实训任务</th><td colspan="6"></td></tr>
<tr><th colspan="2">评价项目</th><th colspan="4">评价标准</th><th>分值</th><th>得分</th></tr>
<tr><th rowspan="9">小组评价</th><td>计划决策</td><td colspan="4">制定的工作方案合理可行，小组成员分工明确</td><td>10</td><td></td></tr>
<tr><td rowspan="3">任务实施</td><td colspan="4">完成 Python 基础命令练习</td><td>20</td><td></td></tr>
<tr><td colspan="4">完成 Jupyter Notebook 使用实训</td><td>20</td><td></td></tr>
<tr><td colspan="4">规范填写任务工单</td><td>20</td><td></td></tr>
<tr><td>任务达成</td><td colspan="4">能按照工作方案操作，按计划完成工作任务</td><td>10</td><td></td></tr>
<tr><td>工作态度</td><td colspan="4">认真严谨、积极主动</td><td>10</td><td></td></tr>
<tr><td>团队合作</td><td colspan="4">小组组员积极配合、主动交流、协调工作</td><td>5</td><td></td></tr>
<tr><td>6S 管理</td><td colspan="4">将鼠标、键盘、桌椅进行归位</td><td>5</td><td></td></tr>
<tr><td colspan="5">小计</td><td>100</td><td></td></tr>
<tr><th rowspan="7">教师评价</th><td>实训纪律</td><td colspan="4">不出现无故迟到、早退、旷课现象，不违反课堂纪律</td><td>10</td><td></td></tr>
<tr><td>方案实施</td><td colspan="4">严格按照工作方案完成任务实施</td><td>20</td><td></td></tr>
<tr><td>团队协作</td><td colspan="4">任务实施过程互相配合，协作度高</td><td>20</td><td></td></tr>
<tr><td>工作质量</td><td colspan="4">能准确完成任务实施的内容</td><td>20</td><td></td></tr>
<tr><td>工作规范</td><td colspan="4">操作规范，三不落地，无意外事故发生</td><td>10</td><td></td></tr>
<tr><td>汇报展示</td><td colspan="4">能准确表达，总结到位，改进措施可行</td><td>20</td><td></td></tr>
<tr><td colspan="5">小计</td><td>100</td><td></td></tr>
<tr><th colspan="2">综合评分</th><td colspan="5">小组评价分 ×50% +教师评价分 ×50%</td><td></td></tr>
<tr><th colspan="8">总结与反思</th></tr>
<tr><td colspan="8">（如：学习过程中遇到什么问题→如何解决的 / 解决不了的原因→心得体会）</td></tr>
</table>

任务二　完成 Python 网络爬虫实训

学习目标

- 掌握网络爬虫的基本流程。
- 了解 Python 爬虫工具库及其使用方法。
- 了解 Python 实现网络爬虫的流程并用 Python 实现。
- 会用 Selenium 库实现对汽车之家网站的连接和访问。
- 会用 Lxml 库实现对汽车之家网站的解析。
- 会用 xlsxwriter 对爬取后的汽车之家口碑数据进行保存。
- 能够思考确定 Python 爬取汽车之家口碑数据的整体思路，培养开拓进取的职业态度。

知识索引

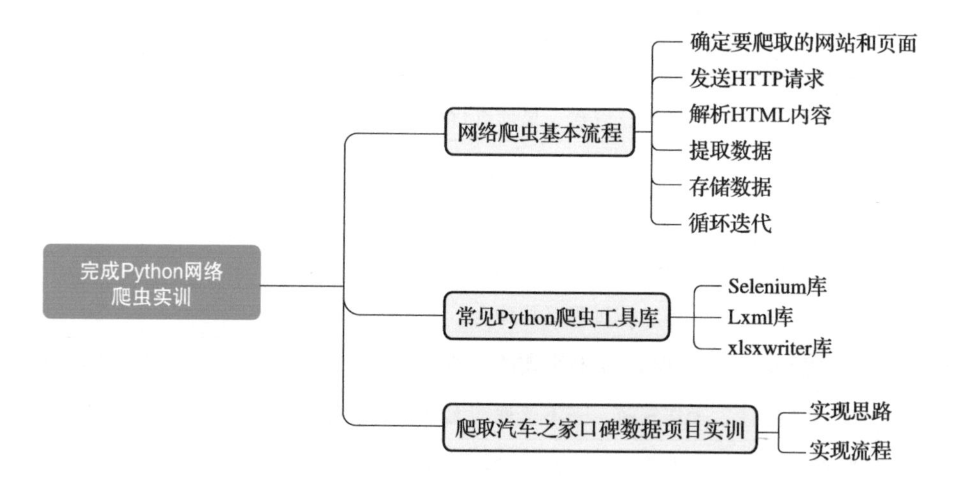

情境导入

BI 产品需要大量的高质量的数据，该商业咨询公司已拥有的数据量无法形成较大的数据规模，现需要解决数据的来源问题。作为该公司商业智能团队中的 Python 爬虫工程师，你的主要职责是开发和维护一个自动化的爬虫系统，从互联网上获取大量的数据。

获取信息

引导问题 1

查阅相关资料，简述网络爬虫的基本流程。

____

____

____

网络爬虫基本流程

随着网络的发展，如何有效提取万维网上的大量信息成为一个挑战。搜索引擎如百度、搜狗、谷歌等，可以帮助人们检索信息，但也存在一定的局限性，例如：

1）难以满足不同用户的检索目的和需求。

2）有限的搜索引擎服务器资源与无限的网络数据资源之间的矛盾。

3）图片、数据库、音频、视频多媒体等不同数据的发现和获取。

4）基于关键字的检索难以支持基于语义信息的查询。

网络爬虫（又称网页蜘蛛、网络机器人，在 FOAF 社区中，经常被称为网页追逐者）是一种按照一定的规则，自动地抓取万维网信息的程序或者脚本。

网络爬虫是一种程序，可以自动地从互联网上收集信息。它的基本流程通常包括以下几个步骤：确定要爬取的网站和页面→发送 HTTP 请求→解析 HTML 内容→提取数据→存储数据。在使用网络爬虫时，还需要遵守一定的规则：①仅限于抓取网页公开信息；②遵守网站的规定和 robots 协议。

（一）确定要爬取的网站和页面

首先，需要确定要爬取的网站和页面。可以选择从一个或多个网站开始，然后选择要爬取的页面。

（二）发送 HTTP 请求

在开始爬取之前，需要向目标网站发送 HTTP 请求，可以通过使用 Python 中的请求库（如 Requests 库）来完成。需要向目标网站发送请求，并等待网站的响应。

（三）解析 HTML 内容

当目标网站响应请求时，它会返回一个 HTML 文档。需要解析 HTML 文档，以提取感兴趣的信息。Python 中常用的解析库有 BeautifulSoup 和 Lxml 等。

（四）提取数据

一旦解析了 HTML 内容，就可以提取需要的数据。可以使用 Python 中的正则表达式或解析库提供的工具来查找和提取信息。

（五）存储数据

一旦提取了数据，需要将其存储在某个地方。可以将数据存储在一个文件中，也可以将其存储在数据库中，以便进行进一步的分析。

（六）循环迭代

一旦完成了对一个页面的爬取和数据提取，可以继续对下一个页面进行同样的操作，直到获取到所有感兴趣的信息。

需要注意的是，网络爬虫的实现方式有很多种，具体的实现细节会根据具体的情况而有所不同。网络爬虫的基本流程如图 2-2-1 所示。

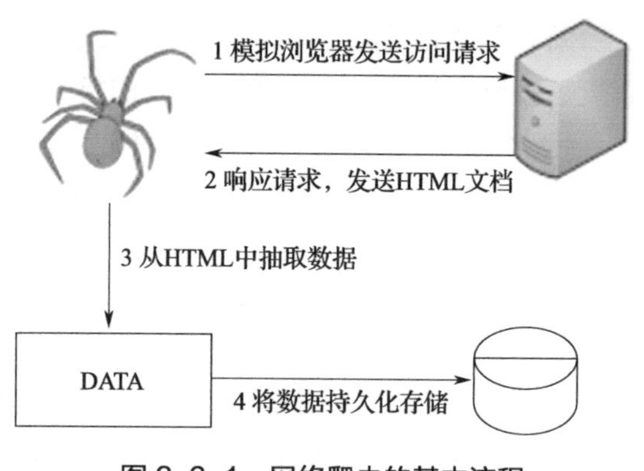

图 2-2-1　网络爬虫的基本流程

众所周知，人工智能项目需要大量的数据训练模型，但不是每时每刻都能有现成的数据可以使用，网络爬虫可以解决人工智能项目数据来源的问题。例如，出行类软件通过爬虫查询信息，一些比价平台和聚合电商从各大电商平台抓取同一商品进行比较等。

引导问题 2

查阅相关资料，简单介绍 Python 常用的爬虫工具库。

____

____

____

常见 Python 爬虫工具库

常见的 Python 爬虫工具库有 Selenium 库和 Lxml 库。

（一）Selenium 库

Python 的 Selenium 库是一个用于自动测试和网页爬取的工具。它可以模拟用户在浏览器中的操作，如打开网页、填写表单、单击按钮等，可以对 JavaScript 生成的内容进行操作，并获取网页中的数据。Selenium 库操作流程见表 2-2-1。

表 2-2-1 Selenium 库操作流程

序号	描述	命令
1	创建一个 Chrome 浏览器对象	driver = webdriver.Chrome（）
2	打开指定的网页	driver.get（url）
3	查找一个网页元素，通过 XPath 定位	element = driver.find_element_by_xpath(xpath）
4	查找一个网页元素，通过 CSS 选择器定位	element = driver.find_element_by_css_selector（css_selector）
5	在网页元素中输入文本	element.send_keys（keys）
6	单击网页元素	element.click（）
7	在浏览器中执行 JavaScript 代码	driver.execute_script（script）
8	获取当前网页源代码	driver.page_source
9	返回上一个网页	driver.back（）

（二）Lxml 库

Python 的 Lxml 库是一个用于处理 XML 和 HTML 文档的 Python 库，它是基于 C 语言实现的，具有高性能和高效率的特点。Lxml 库提供了 ElementTree API 的增强版，支持 XPath 和 CSS 选择器等高级功能，能够对 XML 和 HTML 文档进行解析、修改和生成等操作。Lxml 库操作流程见表 2-2-2。

表 2-2-2 Lxml 库操作流程

序号	描述	命令
1	导入 Lxml 库中的 etree 模块	from lxml import etree
2	将 HTML 字符串转换为 lxml.etree._Element 对象	etree.HTML（html_string）
3	将 HTML 文件解析为 lxml.etree._ElementTree 对象	etree.parse（file_path）
4	在元素中使用 XPath 表达式搜索子元素并返回结果列表	etree.xpath（xpath_expression）
5	获取元素的指定属性值	etree.get（'attribute_name'）
6	获取元素的文本内容	etree.text
7	获取元素的标签名称	etree.tag
8	获取元素的父元素	etree.getparent（）
9	查找所有具有指定标签名称的子元素	etree.findall（'tag_name'）
10	查找第一个具有指定标签名称的子元素	etree.find（'tag_name'）
11	返回元素的迭代器，可以使用 for 循环遍历子元素	etree.iter（）
12	返回元素的子元素列表	etree.getchildren（）

（续）

序号	描述	命令
13	将元素及其子元素序列化为字符串	etree.tostring（element）
14	将元素及其子元素序列化为 Unicode 字符串	etree.tostring（element，encoding='unicode'）

（三）xlsxwriter 库

xlsxwriter 是 Python 的第三方库，用于在 Excel 文件中创建和编辑电子表格。它提供了许多功能，如自动调整列宽、格式化单元格、插入图表和公式等。xlsxwriter 库操作流程见表 2-2-3。

表 2-2-3　xlsxwriter 库操作流程

序号	描述	指令
1	安装 xlsxwriter	pip install XlsxWriter

2	创建 Excel 文件	# 创建一个新的 Excel 文件
		workbook = xlsxwriter.Workbook（'example.xlsx'）

3	创建工作表	# 创建一个名为 Sheet1 的工作表
		worksheet = workbook.add_worksheet（'Sheet1'）

4	编写数据	# 写入数据到单元格（A1） worksheet.write（'A1'，'Hello'）

5	指定单元格格式	# 创建文本格式对象
		text_format = workbook.add_format（{'num_format': '@'}）
		# 在单元格（A2）写入文本，并应用文本格式
		worksheet.write（'A2'，'World'，text_format）
		# 创建数字格式对象
		num_format = workbook.add_format（{'num_format': '0.00'}）
		# 在单元格（B1）写入数字，并应用数字格式
		worksheet.write（'B1'，123.456，num_format）

6	保存 Excel 文件	# 关闭 Excel 文件 workbook.close（）

引导问题 3

查阅相关资料，简述任务实现流程。

____

____

____

爬取汽车之家口碑数据项目实训

（一）实现思路

汽车之家是一个汽车行业门户网站，它提供了广泛的汽车信息，包括汽车口碑数据。汽车之家的口碑数据是基于用户提交的评论、评分和其他数据编制的。可采用如下方式完成项目实训：使用 Selenium 打开汽车之家网站→使用 Lxml 库解析网页→将数据保存为 Excel 文件。

（二）实现流程

1. 使用 Selenium 打开汽车之家网站，获取页面的 HTML 源码

1）创建一个 ChromeOptions 对象，并添加一些参数来配置浏览器选项，例如，关闭密码弹窗、关闭“Chrome 正受到自动测试软件控制”的提示，以及禁用扩展程序等。

2）通过指定 ChromeDriver 的路径和选项来创建一个 WebDriver 对象，用它来控制浏览器进行打开指定网页和获取网页 HTML 代码的操作。

3）通过 XPath 解析器 lxml.html.fromstring（ ）将 HTML 代码转换成可操作的树形结构，返回给调用者。

2. 使用 Lxml 库解析网页

使用 Lxml 库中的 tree.xpath 方法解析汽车之家网页数据的车系名称、购买车型、用户名称、综合口碑得分等。

3. 将数据保存为 Excel 文件

使用 xlsxwriter 的 Workbook、add_worksheet、activate 方法将数据保存为 Excel 文件。

任务分组

学生任务分配表

班级		组号		指导老师	
组长		学号			
组员角色分配					
信息员		学号			
操作员		学号			
记录员		学号			
安全员		学号			
任务分工					

（就组织讨论、工具准备、数据采集、数据记录、安全监督、成果展示等工作内容进行任务分工）

工作计划

按照前面所了解的知识内容和小组内部讨论的结果，制定工作方案，落实各项工作负责人，如任务实施前的准备工作、实施中主要操作及协助支持工作、实施过程中相关要点及数据的记录工作等。

工作计划表

步骤	工作内容	负责人
1		
2		
3		
4		
5		
6		
7		
8		

进行决策

1）各组派代表阐述资料查询结果。

2）各组就各自的查询结果进行交流，并分享技巧。

3）教师结合各组完成的情况进行点评，选出最佳方案。

任务实施

扫描右侧二维码，了解使用 Python 语言及相关工具爬取汽车之家口碑数据的流程。

Python 爬取汽车之家口碑数据

参考操作视频，按照规范作业要求完成 Python 爬虫实训并填写工单。

Python 爬取汽车之家口碑数据实训工单		
步骤	记录	完成情况
1	启动计算机设备，打开 Jupyter Notebook 编译环境	已完成□　未完成□
2	**创建网页请求函数**	已完成□　未完成□
	导入 Selenium 库	
	导入 time 库	
	输入命令创建 Chrome 浏览器的选项对象	
	输入命令避免出现证书错误弹窗	
	输入命令避免 Chrome 浏览器受自动控制提示	
	输入命令禁用所有 Chrome 浏览器的扩展程序	
	输入命令创建 Chrome 浏览器的驱动对象	

（续）

步骤	记录	完成情况
2	输入命令打开汽车之家口碑数据 url	已完成□ 未完成□
	输入命令将 HTML 页面转换成 Lxml 的 Element 对象 tree	
	输入命令使浏览器完全加载页面内容	
	输入命令关闭浏览器，并返回 Element 对象	
3	**解析网页**	已完成□ 未完成□
	导入 Lxml 库	
	输入命令解析“车系名称”	
	输入命令解析“购买车型”	
	输入命令解析“用户名称”	
	输入命令解析“综合口碑得分”	
	输入命令解析“行驶里程”	
	输入命令解析“百公里油耗”	
	输入命令解析“裸车购买价”	
	输入命令解析“购买时间”	
	输入命令解析“购买地点”	
	输入命令解析“满意评论”	
	输入命令解析“不满意评论”	
	输入命令解析“评论点赞数量”	
	输入命令迭代评论点赞数量列表，将迭代元素为“点赞”的值设置为 0	
4	**将数据保存为 Excel 文件**	已完成□ 未完成□
	导入 xlsxwriter 库	
	输入命令创建工作表	
	输入命令创建字表	
	输入命令激活表	
	输入命令创建数据列表名	
	输入命令从 A1 单元格将数据列表名写入表头	
	使用 for 循环，从第二行开始写入数据	
	输入命令关闭表	
5	**运行代码**	已完成□ 未完成□
	输入命令设置 ChromeDriver 保存路径	
	输入命令设置爬取链接	
	输入命令设置保存文档名	
	输入命令设置循环页码数	
	调用循环函数、调用网页解析函数开始循环解析网页	
6	调用文件保存函数，将爬取并解析后的数据保存到 Excel 中，显示 Excel 文件则表示已保存成功	已完成□ 未完成□

评价反馈

1）各组代表展示汇报 PPT，介绍任务的完成过程。

2）以小组为单位，对各组的操作过程与操作结果进行自评和互评，并将结果填入综合评价表中的小组评价部分。

3）教师对学生工作过程与工作结果进行评价，并将评价结果填入综合评价表中的教师评价部分。

综合评价表

<table>
<tr><td>班级</td><td></td><td>组别</td><td></td><td>姓名</td><td></td><td>学号</td><td></td></tr>
<tr><td colspan="2">实训任务</td><td colspan="6"></td></tr>
<tr><td colspan="2">评价项目</td><td colspan="4">评价标准</td><td>分值</td><td>得分</td></tr>
<tr><td rowspan="9">小组评价</td><td>计划决策</td><td colspan="4">制定的工作方案合理可行，小组成员分工明确</td><td>10</td><td></td></tr>
<tr><td rowspan="3">任务实施</td><td colspan="4">能够正确检查并设置实训环境</td><td>10</td><td></td></tr>
<tr><td colspan="4">完成人工智能爬虫实训</td><td>30</td><td></td></tr>
<tr><td colspan="4">能够规范填写任务工单</td><td>20</td><td></td></tr>
<tr><td>任务达成</td><td colspan="4">能按照工作方案操作，按计划完成工作任务</td><td>10</td><td></td></tr>
<tr><td>工作态度</td><td colspan="4">认真严谨，积极主动，安全生产，文明施工</td><td>10</td><td></td></tr>
<tr><td>团队合作</td><td colspan="4">小组组员积极配合、主动交流、协调工作</td><td>5</td><td></td></tr>
<tr><td>6S 管理</td><td colspan="4">完成竣工检验、现场恢复</td><td>5</td><td></td></tr>
<tr><td colspan="5">小计</td><td>100</td><td></td></tr>
<tr><td rowspan="7">教师评价</td><td>实训纪律</td><td colspan="4">不出现无故迟到、早退、旷课现象，不违反课堂纪律</td><td>10</td><td></td></tr>
<tr><td>方案实施</td><td colspan="4">严格按照工作方案完成任务实施</td><td>20</td><td></td></tr>
<tr><td>团队协作</td><td colspan="4">任务实施过程互相配合，协作度高</td><td>20</td><td></td></tr>
<tr><td>工作质量</td><td colspan="4">能准确完成任务实施的内容</td><td>20</td><td></td></tr>
<tr><td>工作规范</td><td colspan="4">操作规范，三不落地，无意外事故发生</td><td>10</td><td></td></tr>
<tr><td>汇报展示</td><td colspan="4">能准确表达，总结到位，改进措施可行</td><td>20</td><td></td></tr>
<tr><td colspan="5">小计</td><td>100</td><td></td></tr>
<tr><td colspan="2">综合评分</td><td colspan="5">小组评价分 ×50% ＋教师评价分 ×50%</td><td></td></tr>
<tr><td colspan="8">总结与反思</td></tr>
</table>

（如：学习过程中遇到什么问题→如何解决的 / 解决不了的原因→心得体会）

任务三　完成 Python 数据探索性分析实训

学习目标

- 了解数据探索性分析的定义。
- 了解数据探索性分析的流程。
- 了解 Python 实现数据探索性分析的常用库。
- 能够判断数据集特征的类别。
- 会用 Matplotlib 实现对不同类别数据的可视化。
- 会用 Numpy 库、Pandas 库实现对数据的缺失值、异常值、变量相关关系的洞察。
- 能够思考并确定对汽车产品数据进行探索性分析的思路。在实践中培养决策分析的职业能力。

知识索引

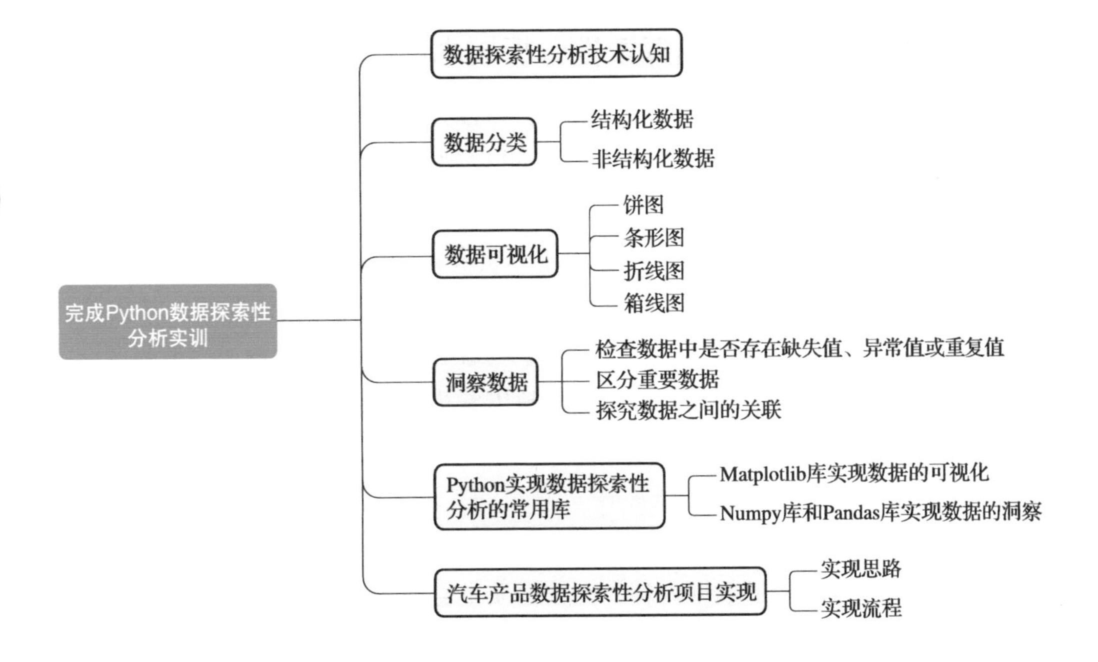

情境导入

解决了产品开发和数据来源的问题，BI 产品的最后一步是进行数据探索性分析。通过对数据进行探索，可以更好地理解客户，发现业务机会，帮助决策制定等。作为该商业咨询公司商业智能团队中的 Python 数据分析师，你的主要职责是使用 Python 编程语言和数据分析工具来处理和分析大量数据，具体包括数据清洗和预处理、数据分析和建模、可视化和报告等。现在需要你通过使用 Python 脚本在该 BI 产品中对数据进行探索性分析，确定影响汽车销售量、价格、保险费用等关键因素，了解汽车市场的潜在需求和趋势，为汽车市场研究和市场策略制定提供支持。

获取信息

引导问题 1

查阅相关资料，简述数据探索性分析的作用。

____

____

____

数据探索性分析技术认知

数据是用来描述特定事物或概念的信息，可以是文本、数字、图像或其他形式的信息。数据可以用来分析和解决问题，并且可以被计算机程序使用来自动完成某些任务。

数据探索性分析技术被数据科学家用于分析和调查数据集，并总结其主要特征，通常采用数据可视化方法。该方法有助于确定如何最有效地处理数据源，以获得所需的答案，使数据科学家能够更轻松地发现模式、找出异常、检验猜测或验证假设。

数据探索性分析主要用于查看哪些数据超出常规建模或洞察假设的检验任务，帮助数据科学家更好地理解数据集变量以及它们之间的关系。它还可以帮助使用者确定用于数据分析的统计方法是否合适。

数据探索性分析是成功实现人工智能与机器学习的第一步。在运用恰当的算法进行建模之前，首先需要理解数据内容，而数据质量直接决定人工智能项目后续环节的效果，利用数据探索性分析识别出数据中不必要的模式与噪声至关重要。

图 2-3-1 所示为探索报表数据的趋势。

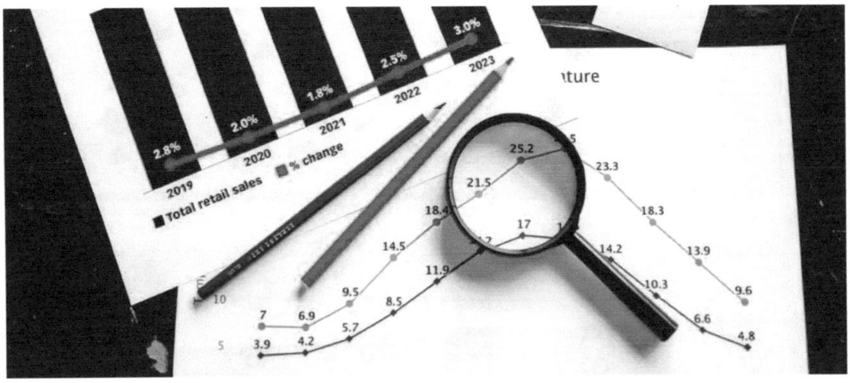

图 2-3-1　探索报表数据的趋势

引导问题 2

查阅相关资料，简述数据探索性分析的流程和数据分类类型。

____

____

____

数据分类

数据探索性分析的过程大致分为三步：数据分类、数据可视化、洞察数据，如图 2-3-2 所示。

图 2-3-2　数据探索性分析步骤

在数据探索性分析中获取到需要进行分析的数据后，第一步需要根据数据的特征对数据进行分类。在数据科学领域，一般将数据分为结构化数据和非结构化数据。

（一）结构化数据

结构化数据是指能够用表格来组织的数据，例如：Excel 里的数据、数据库 MySQL 里的数据等。

（二）非结构化数据

对应地，非表格形式组织的数据都是非结构化数据，例如：文本、图片、视频等。世界上 20% 的数据是结构化数据，80% 的数据是非结构化数据，如图 2-3-3 所示。

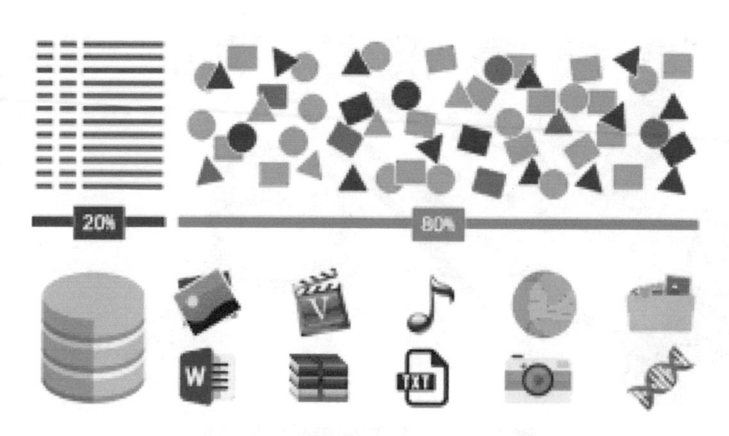

图 2-3-3　结构化数据和非结构化数据

结构化数据又可细分为定性数据和定量数据，定性数据可细分为定类等级和定序等级，定量数据又可细分为定距等级和定比等级。

1. 定类等级

定类等级是数据的第一个等级，其结构最弱，只需要按照名称来分类，例如：血型（A、B、AB、O）、姓名、颜色。

2. 定序等级

定序等级在定类等级的基础上增加了自然排序，这样就可以对不同数据进行比较，例如：餐厅的评星，公司的考核等级。

3. 定距等级

定距等级一定是数值类型的，并且这些数值不仅可以用来排序，还可以用来加减，例如：华氏度、摄氏度（温度有负值，不可以进行乘除运算）。

4. 定比等级

定比等级在定距等级的基础上，加入了绝对零点，不但可以做加减运算，还可以做乘除运算，例如：金钱、重量。

数据的四个等级如图 2-3-4 所示。

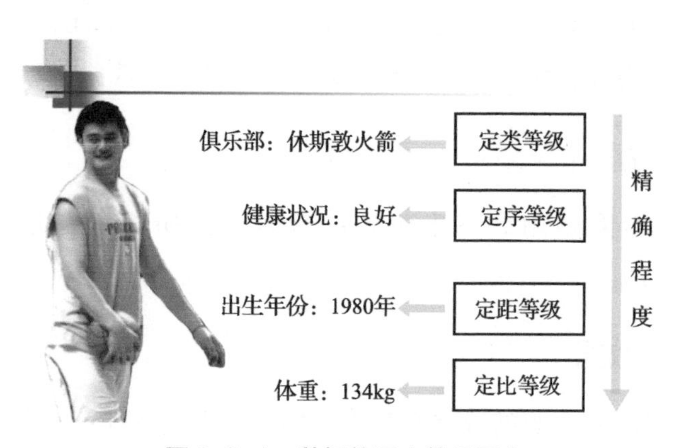

图 2-3-4　数据的四个等级示意

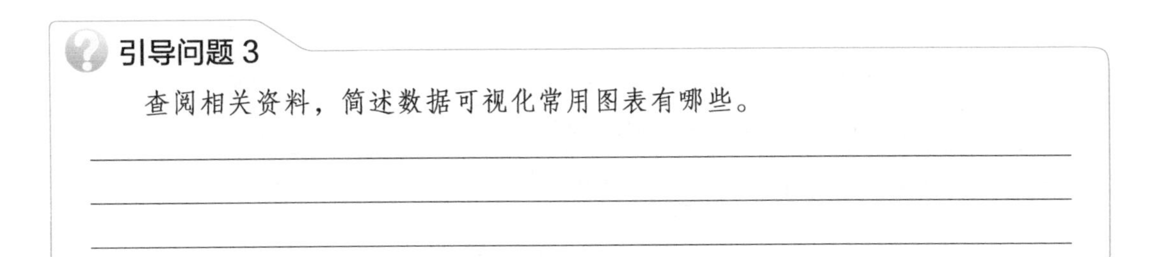

数据可视化

当完成第一步对数据进行类别识别后，需要针对不同类别的数据进行对应的可视化操作。数据可视化是指将数据抽象成图表或图形的过程，它可以帮助人们更容易理解数据，从而更快捷地分析出数据中的趋势和模式。

常用的数据可视化图表有饼图、条形图、折线图、箱线图。

（一）饼图

饼图用于表示一组数据的分布情况，可以很直观地看出每个分组所占的比例。

（二）条形图

条形图用于表示一组数据的分布情况，可以很直观地看出每个分组的大小。

（三）折线图

折线图用于表示两个变量之间的关系，例如，时间与价格之间的关系或者不同产品之间的销量关系。

（四）箱线图

四分位数（Quartile）也称四分位点，是指在统计学中把所有数值由小到大排列并分成四等份，处于三个分割点位置的数值。中间的四分位数就是中位数，处在 25% 位置上的数值称为下四分位数，处在 75% 位置上的数值称为上四分位数。

箱线图是一种用于表示数据分布情况的图表，它由一个箱子和两条线组成。箱子的上边缘表示上四分位数（Q3），下边缘表示下四分位数（Q1），箱子中间的线表示中位数（Q2）；两条线分别表示最大值和最小值，它们用于表示数据的范围，如图 2-3-5 所示。

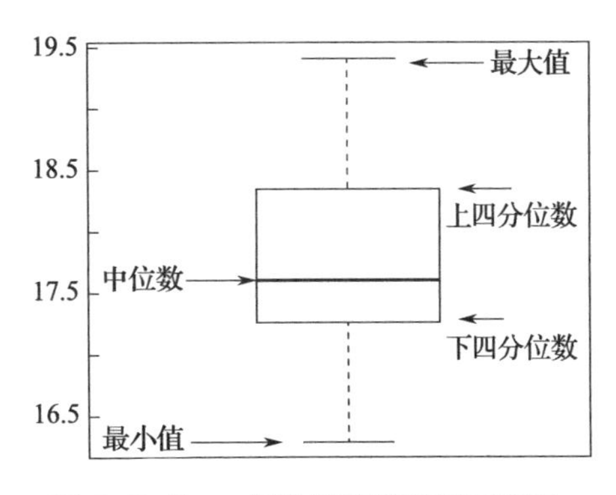

图 2-3-5　一组数据的箱线图示意图

四个数据等级需要对应不同的可视化方法，见表 2-3-1。

表 2-3-1　不同数据等级对应的可视化方法

数据等级	属性	描述性统计	图表
定类	离散、无序	频率占比、众数	条形图、饼图
定序	有序类别、比较	频率、众数、中位数、百分位数	条形图、饼图
定距	数字差别有意义	频率、众数、中位数、均值、标准差	条形图、饼图、箱线图
定比	连续	均值、标准差	条形图、曲线图、饼图、箱线图

引导问题 4

查阅相关资料，简述洞察数据环节需要检查的问题。

____

____

____

洞察数据

可视化可以提供直观的数据信息，但要进一步分析数据，还需要检查数据中是否存在缺失值、异常值或重复值，区分出对所要探究的问题而言比较重要的数据和影响不大的数据，以及探究这些数据之间的关联。

（一）检查数据中是否存在缺失值、异常值或重复值

1. 缺失值

如果数据中存在缺失值，可能会导致模型的结果不准确，或者无法获得正确的结论。例如，在分析用户的消费行为时，如果某个用户的收入数据缺失，则无法准确判断该用户的消费能力。

2. 异常值

如果数据中存在异常值，可能会导致模型的结果不准确，或者无法获得正确的结论。例如，在分析用户的消费行为时，如果某个用户的收入数据存在异常值，则无法准确判断该用户的消费能力。

3. 重复值

如果数据中存在重复值，可能会导致模型的结果不准确，或者无法获得正确的结论。例如，在分析用户的消费行为时，如果某个用户的收入数据存在重复值，则无法准确判断该用户的消费能力。

（二）区分重要数据

区分出重要与不重要的数据对于探究问题至关重要。因为只有这样才可以更好地

把握关键信息，更加准确地分析出问题的根源，从而给出更有效的解决方案。例如，一家公司想要探究为什么他们的产品销量不佳，那么他们应该首先找出对于销量影响最重要的数据，如产品价格、宣传渠道、产品质量等，而不重要的数据就可以忽略，如产品的颜色、外观等。

（三）探究数据之间的关联

探究数据之间的关联可以帮助人们更好地了解数据之间的联系，从而更好地理解数据的分布特点，并有针对性地对数据进行分析和处理。例如，研究一个城市的人口变化，可以通过探究不同年龄段人口数量的变化，以及不同性别人口数量的变化，来探究城市人口的变化趋势，并从中分析出相关的结论。

引导问题 5

查阅相关资料，简述使用 Python 进行数据探索性分析，需要用到哪些第三方库。

____

____

____

Python 实现数据探索性分析的常用库

（一）Matplotlib 库实现数据的可视化

Matplotlib 是一个强大的数据可视化的 Python 库，在数据探索性分析中可以帮助用户快速可视化数据，从而更好地理解数据的特征和分布。Matplotlib 可以帮助用户发现数据之间的潜在关系，从而更好地进行数据分析。此外，Matplotlib 还可以用于构建基于数据的模型，以便更好地预测未来的趋势。

Matplotlib 提供了一系列用于绘制图形的函数和工具，这些函数和工具可以用于创建各种各样的 2D 图表，包括线形图、条形图、散点图、折线图、饼图、直方图、箱线图、热图等，还可以用于创建 3D 图形。Matplotlib 提供了一个灵活的 API，可以完全控制图形的外观和行为。API 可以通过 pyplot 模块来创建图表，也可以通过它的高级绘图接口来实现更复杂的图表。Matplotlib 的基础功能及其命令见表 2-3-2，用 Matplotlib 绘制不同类型的图形见表 2-3-3。

表 2-3-2　Matplotlib 的基础功能及其命令

功能	命令
导入 Matplotlib 库	import matplotlib.pyplot as plt
画图	plt.plot（）
设置图形大小	plt.figure（figsize=（x，y））

（续）

功能	命令
设置标题	plt.title（）
设置坐标轴标签	plt.xlabel（）、plt.ylabel（）
设置坐标轴刻度	plt.xticks（）、plt.yticks（）
设置图例	plt.legend（）
设置网格线	plt.grid（）
显示图形	plt.show（）

表 2-3-3　Matplotlib 绘制不同类型的图形

图形类型	绘制函数
直方图	matplotlib.pyplot.hist（）
折线图	matplotlib.pyplot.plot（）
散点图	matplotlib.pyplot.scatter（）
饼图	matplotlib.pyplot.pie（）
条形图	matplotlib.pyplot.bar（）
箱线图	matplotlib.pyplot.boxplot（）

（二）Numpy 库和 Pandas 库实现数据的洞察

1. Numpy 基础

Numpy 可以用来执行快速的数据分析和探索性分析，例如，快速计算统计量、计算矩阵运算，以及处理复杂的数据结构。它还可以用来创建更复杂的数据可视化，以及利用其他类库进行更复杂的数据分析。

Numpy 支持一维数组（1D Array）、二维数组（2D Array）、三维数组（3D Array），如图 2-3-6、图 2-3-7 所示。

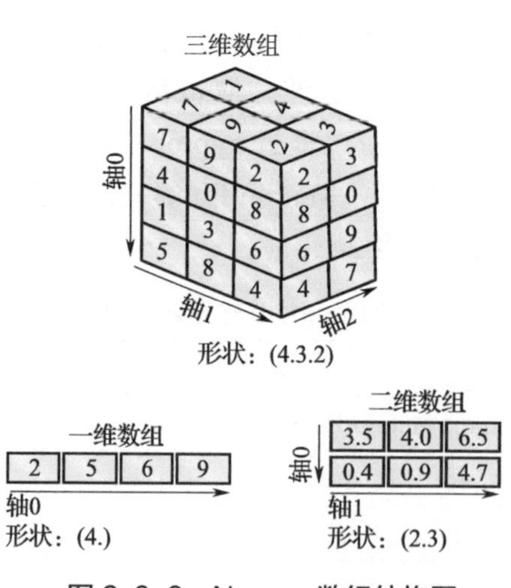

图 2-3-6　Numpy 数组结构图

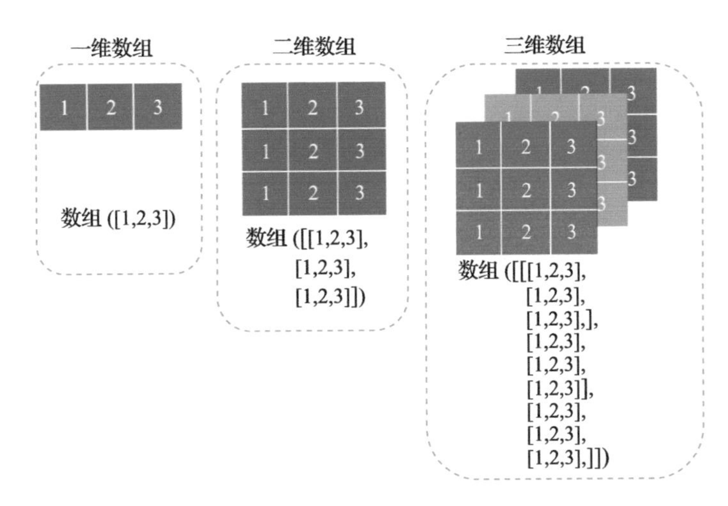

图 2-3-7　Numpy 数组定义图

ndarrary 是 NumPy 中专门用于操作数组的模块，通过 ndarrary 可实现数组之间的基本算术运算与索引、切片等高级运算。

2. ndarrary 基础操作

（1）数组的创建

numpy.empty、numpy.zeros、numpy.ones。

（2）数组的算术运算

numpy.arrary.sum（ ）、numpy.arrary.max（ ）、numpy.arrary.min（ ）等。

（3）数组的索引和切片

arrary[2:7:2]、arrary[1:]、arrary[2:5]。

（4）数组的属性查询

numpy.arrary.dtype、numpy.arrary.ndim、numpy.arrary.size 等。

3. Pandas 基础

Pandas 是一个强大的数据分析库，它可以帮助用户从原始数据中提取有用的信息，并将其转换为更容易理解的形式。Pandas 可以用来清洗和准备数据，以及对数据进行汇总、聚合、排序和绘图等操作。Pandas 还允许用户从数据中提取模式和趋势，从而帮助用户做出更好的决策。

Pandas 的基础数据结构是 Series 和 DataFrame（图 2-3-8）。Series 是一种一维的数据结构，由一组数据和一组与之相关的数据标签（索引）组成。Series 代码形式示例见表 2-3-4。DataFrame 是一种二维的数据结构，由一组有序的列和一组带标签的行组成。

表 2-3-4　Series 代码形式示例

例子	代码形式
时间为索引的温度序列	pd.Series（[20，22，24，26，28]，index=['2020/1/1'，'2020/1/2'，'2020/1/3'，'2020/1/4'，'2020/1/5']）
城市人口序列	pd.Series（[20000，30000，40000，50000，60000]，index=['北京'，'上海'，'广州'，'深圳'，'杭州']）

（续）

例子	代码形式
电影评分序列	pd.Series（[9.2，8.5，8.9，7.8，6.5]，index=['肖申克的救赎'，'教父'，'阿甘正传'，'泰坦尼克号'，'美国往事']）
汽车品牌序列	pd.Series（['宝马'，'奔驰'，'特斯拉'，'路虎'，'奥迪'], index=[1，2，3，4，5]）
国家 GDP 序列	pd.Series（[13.5，15.7，12.9，16.3，18.1]，index=['美国'，'中国'，'英国'，'德国'，'日本']）

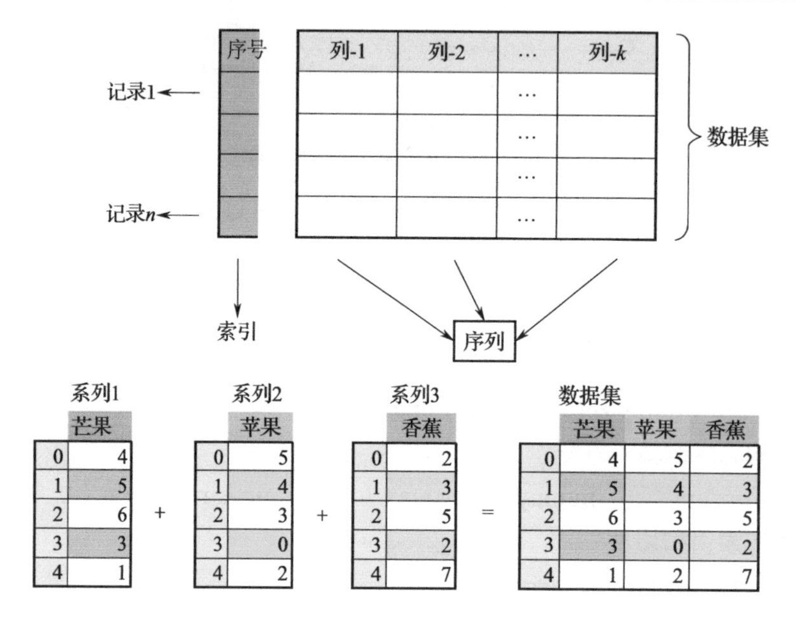

图 2-3-8　Pandas 中 DataFrame 数据框和 Series 数据序列处理结构图

4. Pandas 基础操作

以处理数据框 DataFrame 为例，Pandas 基本功能及其常见命令见表 2-3-5。与处理 Series 数据序列操作类似。

表 2-3-5　Pandas 基本功能及其常见命令

功能	常见命令
导入 Pandas 库	import pandas as pd
导入数据	pd.read_csv（filepath_or_buffer，sep=','，header=None，names=None）
查看 DataFrame	df.head（）df.tail（）
查看 DataFrame 的基本信息	df.info（）
查看 DataFrame 的统计信息	df.describe（）
查看 DataFrame 的列名	df.columns
查看 DataFrame 的行索引	df.index
访问 DataFrame 中的某一列	df ['column_name']

（续）

功能	常见命令
访问 DataFrame 中的某一行	df.loc[index]
访问 DataFrame 中的某一个元素	df.loc[index，column_name]
筛选 DataFrame 中的某一列	df [df ['column_name'] == value]
排序 DataFrame 中的某一列	df.sort_values（by='column_name'，ascending=False）
统计 DataFrame 中某一列的值	df ['column_name'].value_counts（）
删除 DataFrame 中的某一列	df.drop（'column_name'，axis=1）
更改 DataFrame 中某一列的值	df ['column_name'] = new_value
合并 DataFrame	pd.concat（[df1，df2]，axis=1）

引导问题 6

查阅相关资料，简述进行汽车产品数据探索性分析的思路。

____

____

____

汽车产品数据探索性分析项目实现

（一）实现思路

通过对汽车产品的数据探索性分析，可探究影响数据探索性分析的要素，了解汽车产品的市场情况。收集汽车产品的相关数据，包括汽车产品的价格、质量、性能、外观等。

（二）实现流程

1. 数据准备

1）选用 car_price.csv 数据集。car_price.csv 数据集是一个关于汽车价格的数据集，其中包含汽车的品牌、型号、类型、排量、发动机功率、年份等信息，以及该汽车的市场价格。

2）使用 pandas.read_csv 方法导入数据集。

2. 数据整体预览

整体预览数据的形状、数据的特征类型、数据的前 5 列 / 后 5 列等。

1）预览数据的形状：pandas.dataframe.shape（）。

2）获取数据框的特征类型：pandas.dataframe.dtypes。

3）获取数据的前 5 列：pandas.dataframe.head（）。

4）获取数据的后 5 列：pandas.dataframe.tail（ ）。

3. 数据可视化

选用 Matplotlib 绘制不同类型的图形。

4. 洞察数据

检查数据中是否存在缺失值、异常值或重复值以及区分重要数据，最后对数据之间的变量进行探究。

1）检查缺失值：pandas.dataframe.isnull（ ）.sum（ ）。

2）检查重复值：pandas.datafram..duplicated（ ）。

3）探究数据之间的变量：pandas.dataframe.corr（ ）。

任务分组

学生任务分配表

班级		组号		指导老师	
组长		学号			
组员角色分配					
信息员		学号			
操作员		学号			
记录员		学号			
安全员		学号			
任务分工					
（就组织讨论、工具准备、数据采集、数据记录、安全监督、成果展示等工作内容进行任务分工）					

工作计划

按照前面所了解的知识内容和小组内部讨论的结果，制定工作方案，落实各项工作负责人，如任务实施前的准备工作、实施中主要操作及协助支持工作、实施过程中相关要点及数据的记录工作等。

工作计划表

步骤	工作内容	负责人
1		
2		
3		
4		

（续）

步骤	工作内容	负责人
5		
6		
7		
8		

进行决策

1）各组派代表阐述资料查询结果。

2）各组就各自的查询结果进行交流，并分享技巧。

3）教师结合各组完成的情况进行点评，选出最佳方案。

任务实施

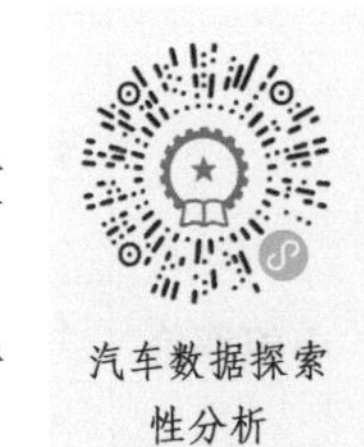
汽车数据探索性分析

扫描右侧二维码，了解使用 Python 语言及相关工具进行汽车产品数据探索性分析的流程。

参考操作视频，按照规范作业要求完成汽车数据探索性分析实训并填写工单。

汽车数据探索性分析实训工单		
步骤	记录	完成情况
1	启动计算机设备，打开 Jupyter Notebook 编译环境	已完成□　未完成□
2	导入 Numpy、Pandas、Matplotlib 库	已完成□　未完成□
3	导入汽车产品数据集 car_price.csv	已完成□　未完成□
4	**数据整体概览**	已完成□　未完成□
	输入命令查看数据集形状	
	输入命令查看数据集信息	
	输入命令查看数据集是否存在缺失值	
	输入命令查看数据集基本统计量	
	判别不同变量的类别，相应地进行数据可视化	
5	**数据可视化**	已完成□　未完成□
	输入命令对于定性数据进行可视化	
	输入命令对于定量数据进行可视化	
6	**数据洞察**	已完成□　未完成□
	输入命令查看特征变量的分布图	
	输入命令查看变量与变量之间的关系	

评价反馈

1）各组代表展示汇报 PPT，介绍任务的完成过程。

2）以小组为单位，对各组的操作过程与操作结果进行自评和互评，并将结果填入综合评价表中的小组评价部分。

3）教师对学生工作过程与工作结果进行评价，并将评价结果填入综合评价表中的教师评价部分。

综合评价表

班级		组别		姓名		学号	
实训任务							
评价项目		评价标准				分值	得分
小组评价	计划决策	制定的工作方案合理可行，小组成员分工明确				10	
	任务实施	能够正确检查并设置实训环境				10	
		完成数据探索性分析实训				30	
		能够规范填写任务工单				20	
	任务达成	能按照工作方案操作，按计划完成工作任务				10	
	工作态度	认真严谨，积极主动，安全生产，文明施工				10	
	团队合作	小组组员积极配合、主动交流、协调工作				5	
	6S 管理	完成竣工检验、现场恢复				5	
	小计					100	
教师评价	实训纪律	不出现无故迟到、早退、旷课现象，不违反课堂纪律				10	
	方案实施	严格按照工作方案完成任务实施				20	
	团队协作	任务实施过程互相配合，协作度高				20	
	工作质量	能准确完成任务实施的内容				20	
	工作规范	操作规范，三不落地，无意外事故发生				10	
	汇报展示	能准确表达，总结到位，改进措施可行				20	
	小计					100	
综合评分		小组评价分 ×50%＋教师评价分 ×50%					
总结与反思							

（如：学习过程中遇到什么问题→如何解决的 / 解决不了的原因→心得体会）

能力模块三 掌握机器学习技术的基础应用

任务一 完成基于 k-means 的汽车产品聚类分析实训

学习目标

- 了解聚类算法的定义与实现过程。
- 了解 k-means 算法的定义和实现过程。
- 了解 k-means 算法的适用情形与应用场景。
- 会用机器学习工具 sklearn 库搭建 k-means 模型。
- 能够思考并确立基于 k-means 实现对汽车产品数据分析的思路。培养勤于思考的职业习惯。

知识索引

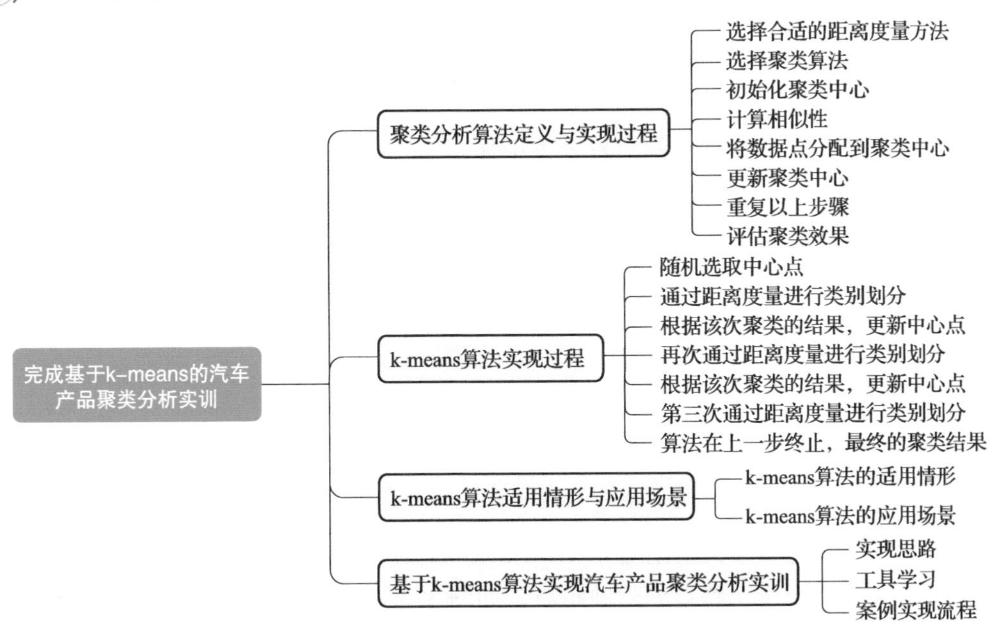

情境导入

某无人汽车制造商打算开发一款新系列的汽车产品，在汽车产品开发之前需要了解消费者需求、市场趋势以及竞争对手情况等信息，从而更好地制定产品策略和市场推广方案。你作为该制造厂市场部门的市场数据分析师，主要职责是分析市场数据、趋势和消费者行为，以协助企业做出战略决策。

现需要你利用 Python 编程语言和统计学知识对市场上的各类型汽车的竞品进行分析，帮助汽车制造商了解市场格局以及消费者需求，从而为产品设计和开发提供指导。

获取信息

引导问题 1

查阅相关资料，简述机器学习聚类分析算法的定义。

____

____

____

聚类分析算法定义与实现过程

聚类分析是一种非监督学习方法，通过度量数据点之间的距离来捕捉它们之间的相似性，并将它们按相似性进行分类，如图 3-1-1 所示。

聚类分析的过程包括选择合适的距离度量方法、选择聚类算法、初始化聚类中心、计算相似性、将数据点分配到聚类中心、更新聚类中心，以及重复以上步骤并评估聚类效果等步骤。

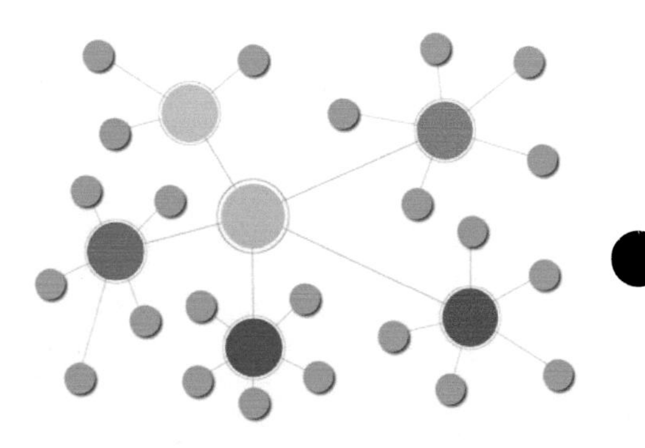

图 3-1-1　通过度量数据点之间的距离来捕捉数据点之间的相似性，将数据点进行分类

（一）选择合适的距离度量方法

在聚类算法中，常用的两种距离度量标准分别是欧氏空间距离和曼哈顿距离。

1. 欧氏空间距离

欧氏空间距离是指两个点在空间中的最短直线距离，如图 3-1-2 所示。

2. 曼哈顿距离

曼哈顿距离又称城市街区距离（city block distance）或出租车距离，是指从一个十字路口开车到另一个十字路口的驾驶距离，如图 3-1-3 所示。

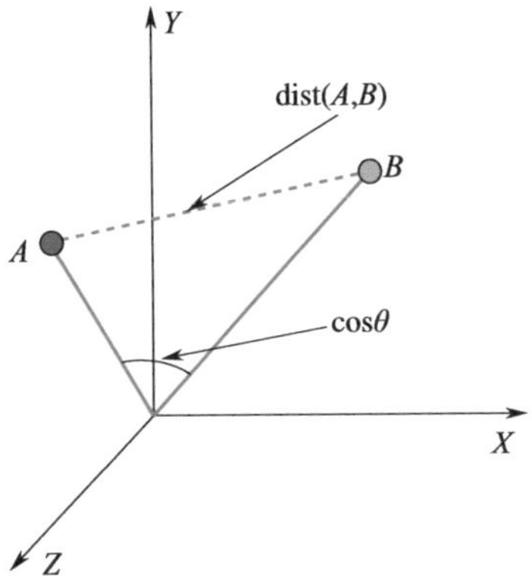

图 3-1-2　欧氏空间中两个点的最短直线距离 dist（*A*，*B*）

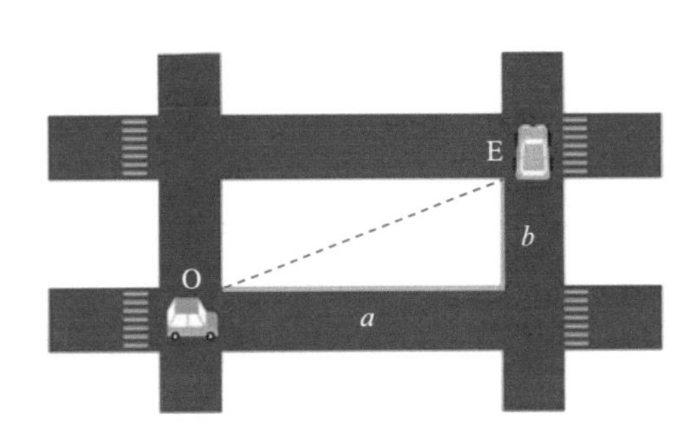

图 3-1-3　*a*+*b* 为这两辆车的曼哈顿距离

（二）选择聚类算法

聚类算法可以是层次聚类、k-means 聚类、DBSCAN 聚类等，每种算法都有其适用的场景和特点，需要根据问题需求选择合适的算法。

（三）初始化聚类中心

对于 k-means 聚类，需要随机初始化 k 个聚类中心。

（四）计算相似性

对于每个数据点，计算其与其他数据点的相似性，即距离，可以根据选择的距离度量方法来计算距离。

（五）将数据点分配到聚类中心

根据相似性，将每个数据点分配到与之距离最近的聚类中心。

（六）更新聚类中心

重新计算每个聚类的中心，即聚类中所有数据点的平均值。

（七）重复以上步骤

重复以上步骤，直到聚类中心不再发生变化或达到预定的迭代次数。

（八）评估聚类效果

聚类算法评估的原则是，组内距离小和组间距离大，如图 3-1-4 所示。

1. 组内距离小

聚类后的每一个类别中成员与成员之间的相似度高。

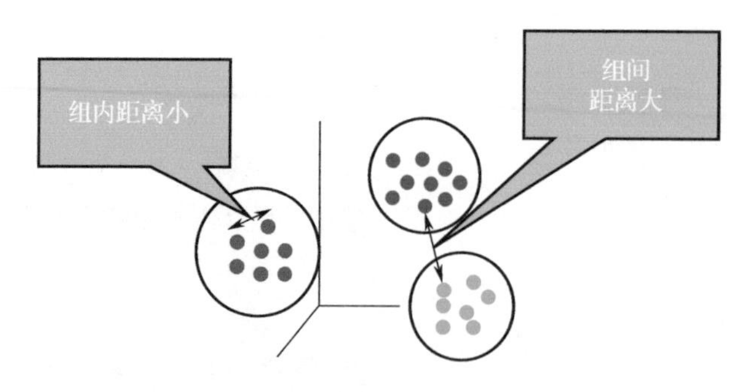

图 3-1-4　聚类算法评估的原则：组内距离小，组间距离大

2. 组间距离大

聚类后不同类别的成员之间的相似度低。

引导问题 2

查阅相关资料，简述 k-means 算法实现过程。

____

____

____

k-means 算法实现过程

k-means 聚类算法是先随机选取 k 个对象作为初始的聚类中心，然后计算每个对象与各个种子聚类中心之间的距离，把每个对象分配给距离它最近的聚类中心。

肘部法是一种常用的 k-means 聚类算法中确定 k 值的方法之一。其基本思想是随着聚类数 k 的增加，样本点到其所属类的距离会逐渐减小，因此 k 值增大会导致聚类效果变好。

但是当 k 值增加到一定程度时，聚类提升的效果会逐渐变小，这时再增加 k 值对聚类效果也不会产生显著的改善，甚至会导致过拟合，即产生过多的子簇，从而使聚类效果变差。故当聚类效果由好开始变坏时的 k 值即是选择的 k 值。

下面假定取 k=3，复现 k-means 算法对样本实现聚类的过程。

（一）随机选取中心点

图 3-1-5 所示为待聚类的样本。选取三个中心点，如图 3-1-6 所示，红色、绿色和蓝色方框分别是选定的三个中心点。

（二）通过距离度量进行类别划分

对每个样本，找到距离自己最近的中心点，完成一次聚类。判断此次聚类前后样本点的聚类情况是否相同，若相同，算法终止，否则继续下一步，如图 3-1-7 所示。

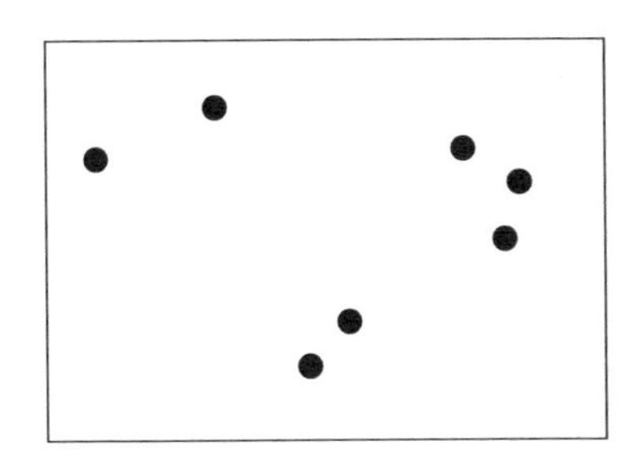

图 3-1-5　待聚类的样本

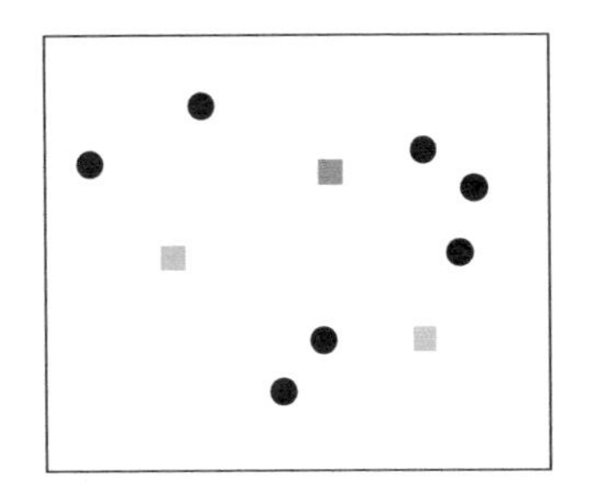

图 3-1-6　选取中心点，红色、蓝色、绿色方框为中心点

（三）根据该次聚类的结果，更新中心点

重新选定的中心点如图 3-1-8 所示。

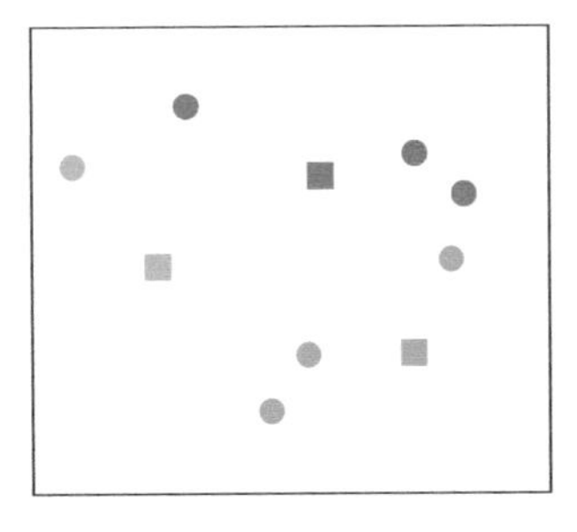

图 3-1-7　完成了一次聚类后的结果

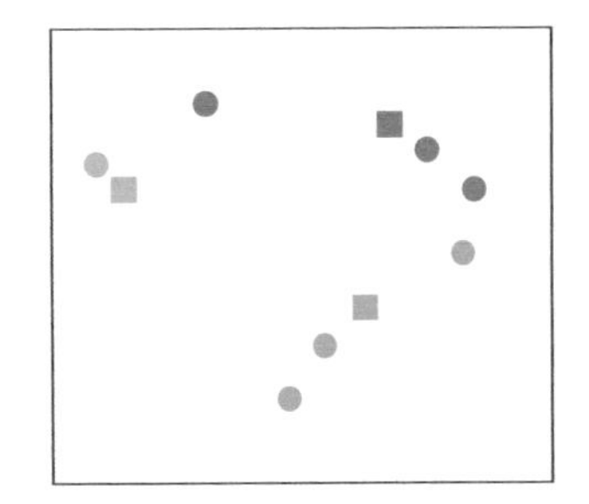

图 3-1-8　重新选定的中心点

（四）再次通过距离度量进行类别划分

对每个样本，找到距离自己最近的中心点，完成第二次聚类，判断与此次聚类前样本点的聚类情况是否相同，若相同，算法终止，否则继续下一步，如图 3-1-9 所示。

（五）根据该次聚类的结果，更新中心点

再次更新中心点如图 3-1-10 所示。

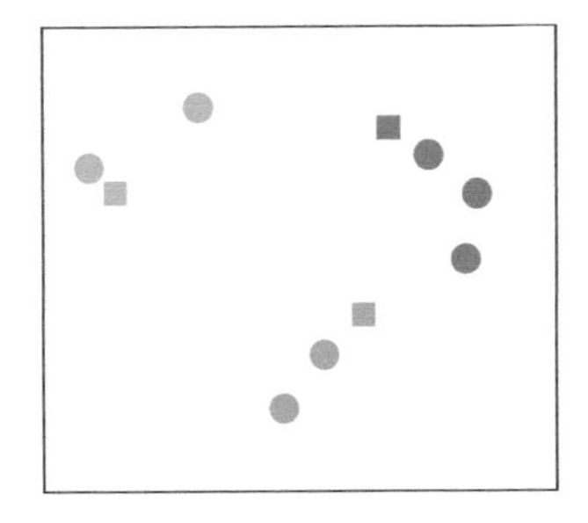

图 3-1-9　根据新的中心点的二次聚类结果

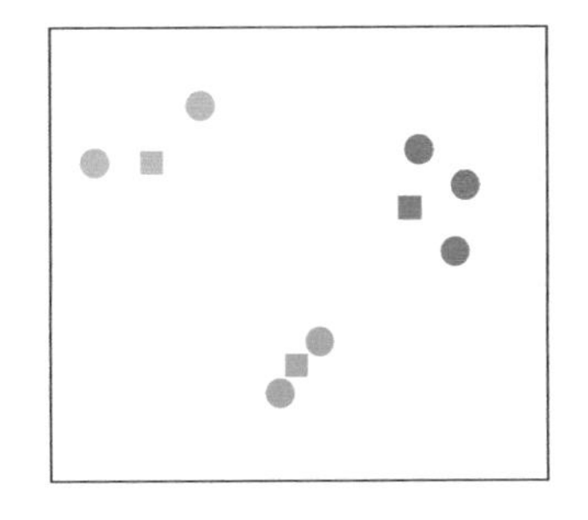

图 3-1-10　根据聚类结果，再次更新中心点

（六）第三次通过距离度量进行类别划分

对每个样本，找到距离自己最近的中心点，完成第三次聚类，判断与此次聚类前样本点的聚类情况是否相同，如图 3–1–11 所示。

（七）算法在上一步终止，最终的聚类结果

最终聚类结果如图 3–1–12 所示。

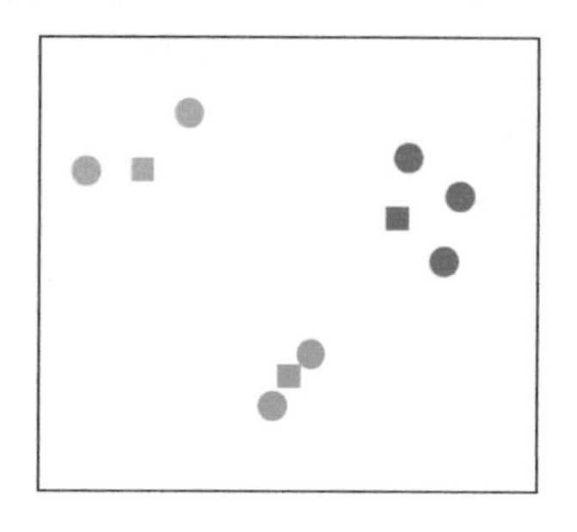

图 3–1–11　根据更新后的中心点，进行第三次聚类

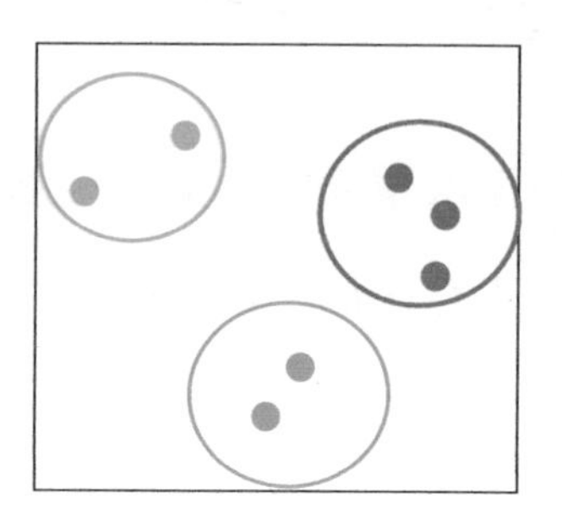

图 3–1–12　最终聚类结果

引导问题 3

查阅相关资料，简述 k-means 算法适用情形与应用场景。

____

____

____

k–means 算法适用情形与应用场景

（一）k–means 算法的适用情形

k–means 算法适用于以下情形：数据集包含数值型数据、数据集具有固定的类别数量、聚类结果不需要完美、数据集具有较大的数据量、聚类结果的可解释性较强。

1. 数据集包含数值型数据

k–means 算法是一种基于距离度量的算法，因此它适用于数值型数据，如连续的数值变量。

2. 数据集具有固定的类别数量

k–means 算法需要预先指定聚类数量 k，因此它适用于那些已经知道聚类数量的数据集。如图 3–1–13 所示。

3. 聚类结果不需要完美

由于采用随机选取中心点的方法，k–means 算法通常不能保证找到全局最优解，因

此它适用于那些对聚类结果没有严格要求的应用场景。

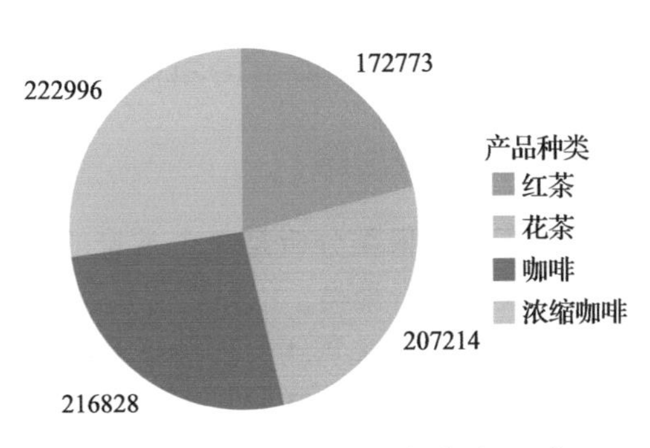

图 3-1-13 饮料产品数据集（k=4）

4. 数据集具有较大的数据量

k-means 算法是一种可扩展的算法，它可以处理大量的数据点，并且可以通过并行化等方式加速计算。

5. 聚类结果的可解释性较强

k-means 算法将数据点划分为不同的类别，这些类别具有直观的可解释性，因此它适用于那些需要对聚类结果进行解释的应用场景，如市场细分和客户分群等。

（二）k-means 算法的应用场景

k-means 算法适用于市场细分、客户分群、模式检测、推荐系统、图像分割等场景。

1. 市场细分

k-means 算法可以将潜在客户划分为不同的类别，帮助企业了解不同细分市场的特征和需求，制定相应的营销策略。

2. 客户分群

k-means 算法可以根据客户的属性和行为，将客户划分为不同的群体，帮助企业更好地了解客户需求和行为，提供更个性化的服务和产品。

3. 模式检测

k-means 算法可以检测出数据中的聚类模式，帮助企业发现数据中的规律和趋势，从而做出更好的决策。

4. 推荐系统

k-means 算法可以将用户划分为不同的群体，帮助推荐系统更准确地推荐相似的产品和服务。

5. 图像分割

k-means 算法可以将图像中的像素点划分为不同的区域，适用于图像分析和识别等应用场景。

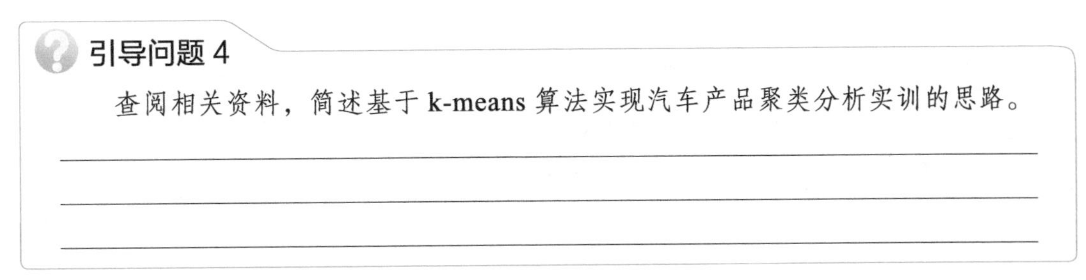

基于 k-means 算法实现汽车产品聚类分析实训

（一）实现思路

汽车产品聚类分析是一个常见的数据挖掘问题，其目的是将不同的汽车产品根据其特征属性进行聚类，以便更好地理解和分析不同汽车产品之间的相似性和差异性。

选择 k-means 算法，根据 k-means 的聚类结果，即可分析出汽车产品的聚类结果。流程为：收集数据并导入→数据探索性分析→数据特征处理→确定 k 值→运行 k-means 预测。

（二）工具学习

scikit-learn（简称 sklearn）是一个用于机器学习的 Python 第三方库，它提供了丰富的机器学习算法和工具，包括分类、回归、聚类、降维、模型选择和数据预处理等功能。sklearn 的主要模块见表 3-1-1。

表 3-1-1　sklearn 的主要模块

模块名称	描述
datasets	包含一些标准数据集和数据生成器，用于测试和演示
cluster	包含一些聚类算法，如 k-means、DBSCAN 等
decomposition	包含一些降维算法，如 PCA、NMF 等
ensemble	包含一些集成学习算法，如随机森林、Adaboost 等
feature_extraction	包含一些特征提取方法，如 PCA、特征选择等
linear_model	包含一些线性模型，如线性回归、岭回归、逻辑斯谛回归等
model_selection	包含一些模型选择和评估方法，如 GridSearchCV、交叉验证等
metrics	包含一些评估指标，如精度、召回率、F1-score 等
preprocessing	包含一些数据预处理方法，如缩放、归一化等

可通过 sklearn 的 preprocessing 模块中的 label encoder 方法进行一些数据预处理。sklearn 的 label encoder 的使用方法见表 3-1-2。用 sklearn 对模型进行训练和预测见表 3-1-3。

表 3-1-2　sklearn 的 label encoder 的使用方法

方法名称	描述
fit	计算每个特征的编码
transform	将特征编码为整数
fit_transform	fit 和 transform 的结合
inverse_transform	将编码解码回原始特征值

表 3-1-3 使用 sklearn 对模型进行训练和预测

步骤	描述	命令
1	导入 k-means 方法	from sklearn.cluster import KMeans
2	加载数据集	X = np.array([[1,2], [1,4], [1,0], [10, 2], [10, 4], [10, 0]])
3	创建 k-means 模型，设置聚类中心数量	kmCluster= KMeans (n_clusters=2)
4	调用 fit ( ) 函数，训练模型	kmCluster.fit (X)
5	调用 predict ( ) 函数，预测样本，其输出分别是：k 中心点和数据集的完全标记	kmCluster.predict (X)
6	调用 score ( ) 函数，计算误差值	kmCluster.score (X)
7	使用 labels_ 方法获取聚类结果	kmCluster.labels_
8	使用 cluster_centers_ 方法获取聚类中心	kmCluster.cluster_centers_

（三）案例实现流程

1. 收集数据并导入

收集汽车产品的特征数据，如品牌、价格、车型、发动机排量、燃油类型、车身尺寸等，并进行数据清洗和处理。

1）选用 car_price.csv 数据集。car_price.csv 数据集包含大量汽车特征数据，可以根据研究目标选择最相关的特征，例如，fueltype（燃油类型）、aspiration、doornumber（车门数量）等。

2）使用 pandas.read_csv 方法导入数据集。

2. 数据探索性分析

使用 Pandas DataFrame 中的方法进行数据探索性分析，见表 3-1-4。

表 3-1-4 使用 Pandas DataFrame 中的方法进行数据探索性分析

子模块	方法	描述
数据的整体概览	head ( )	返回前几行数据，默认前五行
	tail ( )	返回后几行数据，默认后五行
	info ( )	显示数据集的基本信息，包括每列的名称、非空值的数量和数据类型
	describe ( )	提供数据集的基本统计信息，如均值、标准差、最大值和最小值等
	value_counts ( )	计算每个唯一值出现的次数
数据可视化	dataframe.value_counts ( ) .plot (kind="bar")	绘制条形图
	dataframe.boxplot ( )	绘制箱线图
洞察数据	data.corr ( )	探究变量之间的关系

3. 数据特征处理

1）使用 sklearn 中的 label encoder 方法进行数据特征处理。

2）非数值数据转化为数值数据。使用 sklearn 的 label encoder 方法将数据中的非数值字段转换为数值，例如，carname（汽车品牌）、fueltype（燃油类型）、enginetype（发动机类型）等。

3）采用 sklearn.preprocessing.MinMaxScaler（ ）方法进行特征标准化。

4. 确定 *k* 值

确定要将汽车产品分成簇的数量。可以使用肘部法来确定最佳 *k* 值。

5. 运行 k-means 预测

使用 k-means 算法对预处理后的数据集进行聚类分析，将每个汽车型号分配到一个簇中。

竞赛指南

在 2022 年全国新职业和数字技术技能大赛的机器学习技术应用模块中，包含掌握加载数据集能力、掌握基于 sklearn 的模型训练能力、掌握模型评估能力。

拓展阅读

机器学习技术中的不公平算法现象

人类社会被机器学习逐渐渗透，机器学习技术影响着人们生活，如果利用不当，甚至会损害人类的利益。人类和机器学习的关系也引发了新的法律、伦理以及技术问题。

公平是指处理事情合情合理，不偏袒任何一方。公平机器学习算法是指在决策过程中，对个人或群体不存在因其固有或后天的属性所引起的偏见或偏爱。机器学习算法因数据驱动，可能在无意中会编码人类偏见。

例如，某些电子商务平台构建消费习惯评估模型，或根据客户的搜索记录预测其购买需求，或根据客户过往的消费记录绘制用户画像，或根据客户对优惠券的操作习惯判断其对价格的敏感程度，从而利用算法辅助电子商务平台实现对潜在消费目标涨价。应用程序商店中也有类似的情况发生，即同一个应用程序的开发者对不同设备类型用户的消费能力有不同的评估，从而导致定价不同。

如上所述，有不同消费特征的客户或手机用户将受到价格歧视，他们的知情权和公平交易权被侵犯。在不考虑公平性的机器学习算法中，这些群体具有不同的受保护社会属性，如语言、文化、位置、收入等，依据某些偏差量做出决策，他们得到的服务质量将不同。

算法公平性是机器学习向善的重要主题之一，建立合理的模型保证算法的决策客观，是加速推广机器学习落地的必要条件，具有重要的理论意义和应用价值。美国计算机学会（ACM）于 2018 年开始专门设立 FAccT 会议（ACM Conf. on Fairness, Accountability, and Transparency），研讨包括计算机科学、统计学、法律、社会科学和人文科学等交叉领域的公平性、问责制和透明度问题。此外，包括国际机器学习大会（ICML）、神经信息处理系统大会（NeurIPS）和国际先进人工智能协会（AAAI）在内的多个人工智能重要国际会议，专门设置了研究专题讨论公平机器学习。

在政府机构指导性原则引导下，学术界和产业界正着力推动公平机器学习理论、技术及应用发展。

任务分组

学生任务分配表

班级		组号		指导老师	
组长		学号			
组员角色分配					
信息员		学号			
操作员		学号			
记录员		学号			
安全员		学号			
任务分工					

（就组织讨论、工具准备、数据采集、数据记录、安全监督、成果展示等工作内容进行任务分工）

工作计划

按照前面所了解的知识内容和小组内部讨论的结果，制定工作方案，落实各项工作负责人，如任务实施前的准备工作、实施中主要操作及协助支持工作、实施过程中相关要点及数据的记录工作等。

工作计划表

步骤	工作内容	负责人
1		
2		
3		
4		

进行决策

1）各组派代表阐述资料查询结果。

2）各组就各自的查询结果进行交流，并分享技巧。

3）教师结合各组完成的情况进行点评，选出最佳方案。

任务实施

扫描右侧二维码，了解基于 k-means 算法实现汽车产品聚类分析实训的流程。

参考操作视频，按照规范作业要求完成基于 k-means 算法实现汽车产品聚类分析并填写工单。

汽车产品聚类分析

汽车产品聚类分析实训工单		
步骤	记录	完成情况
1	启动计算机设备，打开 Jupyter Notebook 编译环境	已完成□　未完成□
2	导入 Pandas 库	已完成□　未完成□
3	查看并验证数据的完整性和结构	已完成□　未完成□
4	使用 Pandas 进行数据基本统计量分析	已完成□　未完成□
5	导入 matplotlib 库和 seaborn 库进行数据可视化分析	已完成□　未完成□
6	筛选和准备特征数据，创建训练集	已完成□　未完成□
7	导入聚类算法库，进行数据向量化和规范化	已完成□　未完成□
8	通过误差值确定最优 k 值，设定 k=5	已完成□　未完成□
9	建立聚类模型，进行训练并输出聚类结果	已完成□　未完成□
10	将聚类结果加入到数据集，筛选特定条件下的汽车并进行展示	已完成□　未完成□

评价反馈

1）各组代表展示汇报 PPT，介绍任务的完成过程。

2）以小组为单位，对各组的操作过程与操作结果进行自评和互评，并将结果填入综合评价表中的小组评价部分。

3）教师对学生工作过程与工作结果进行评价，并将评价结果填入综合评价表中的教师评价部分。

综合评价表

<table>
<tr><td>班级</td><td></td><td>组别</td><td></td><td>姓名</td><td></td><td>学号</td><td></td></tr>
<tr><td colspan="2">实训任务</td><td colspan="6"></td></tr>
<tr><td colspan="2">评价项目</td><td colspan="4">评价标准</td><td>分值</td><td>得分</td></tr>
<tr><td rowspan="10">小组评价</td><td>计划决策</td><td colspan="4">制定的工作方案合理可行，小组成员分工明确</td><td>10</td><td></td></tr>
<tr><td rowspan="3">任务实施</td><td colspan="4">能够正确检查并设置实训环境</td><td>10</td><td></td></tr>
<tr><td colspan="4">完成汽车产品聚类分析实训</td><td>30</td><td></td></tr>
<tr><td colspan="4">能够规范填写任务工单</td><td>20</td><td></td></tr>
<tr><td>任务达成</td><td colspan="4">能按照工作方案操作，按计划完成工作任务</td><td>10</td><td></td></tr>
<tr><td>工作态度</td><td colspan="4">认真严谨，积极主动，安全生产，文明施工</td><td>10</td><td></td></tr>
<tr><td>团队合作</td><td colspan="4">小组组员积极配合、主动交流、协调工作</td><td>5</td><td></td></tr>
<tr><td>6S 管理</td><td colspan="4">完成竣工检验、现场恢复</td><td>5</td><td></td></tr>
<tr><td colspan="5">小计</td><td>100</td><td></td></tr>
<tr><td rowspan="7">教师评价</td><td>实训纪律</td><td colspan="4">不出现无故迟到、早退、旷课现象，不违反课堂纪律</td><td>10</td><td></td></tr>
<tr><td>方案实施</td><td colspan="4">严格按照工作方案完成任务实施</td><td>20</td><td></td></tr>
<tr><td>团队协作</td><td colspan="4">任务实施过程互相配合，协作度高</td><td>20</td><td></td></tr>
<tr><td>工作质量</td><td colspan="4">能准确完成任务实施的内容</td><td>20</td><td></td></tr>
<tr><td>工作规范</td><td colspan="4">操作规范，三不落地，无意外事故发生</td><td>10</td><td></td></tr>
<tr><td>汇报展示</td><td colspan="4">能准确表达，总结到位，改进措施可行</td><td>20</td><td></td></tr>
<tr><td colspan="5">小计</td><td>100</td><td></td></tr>
<tr><td colspan="2">综合评分</td><td colspan="5">小组评价分 ×50% ＋教师评价分 ×50%</td><td></td></tr>
<tr><td colspan="8">总结与反思</td></tr>
</table>

（如：学习过程中遇到什么问题→如何解决的 / 解决不了的原因→心得体会）

任务二　完成基于 KNN 的人脸识别实训

学习目标

- 了解机器学习分类算法的定义和流程。
- 了解主流的分类算法。
- 了解最近邻（KNN）算法的定义。
- 了解最近邻（KNN）算法的适用情形和适用场景。
- 了解最近邻（KNN）算法和 k-means 算法的联系和区别。
- 能够思考并确立基于 KNN 算法实现人脸识别的思路。
- 会用 sklearn 库实现对人脸识别数据进行处理。
- 了解人脸识别技术在自动驾驶中的应用，培养主动探究，联系实际的职业精神。

知识索引

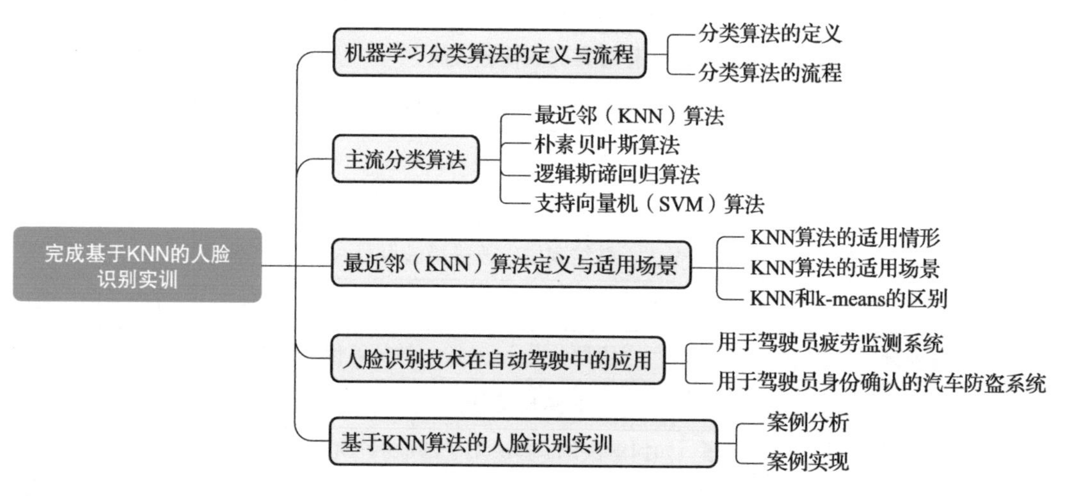

情境导入

现市场部门已经提供了准确可靠的汽车产品竞品分析，公司根据市场情况以及自身资源制定了无人驾驶开发项目。出于安全考虑和法律要求，国家规定所有的自动驾驶车辆必须搭载人脸识别系统。

你作为该汽车制造厂无人驾驶系统开发小组中的感知算法工程师，主要职责是基于深度学习和机器学习技术，训练和优化算法模型，提高感知算法的准确度和效率。现需要你使用机器学习技术实现驾驶员人脸的识别，提供驾驶员身份安全认证服务。

获取信息

引导问题 1

查阅相关资料，简述机器学习分类算法的定义和流程。

____

____

____

机器学习分类算法的定义与流程

（一）分类算法的定义

分类算法是指通过对带标签数据集的分析，从中发现训练集特征到训练集标签的规则，使用所学习到的规则去预测新数据的类别的机器学习算法，如图 3-2-1 所示。

（二）分类算法的流程

分类的实现过程主要分为“学习”和“分类”两个步骤。

1. 学习步

学习步学习数据特征和标签之间的联系，即归纳、分析训练集，找到合适的分类器，建立分类模型得到分类规则。

2. 分类步

分类步对新数据进行类别预测，即用已知的测试集来检测分类规则的准确率，若准确度可以接受，则使用训练好的模型对未知类标号的待测集进行预测，如图 3-2-2 所示。

图 3-2-1　白羊群中分类出黑羊

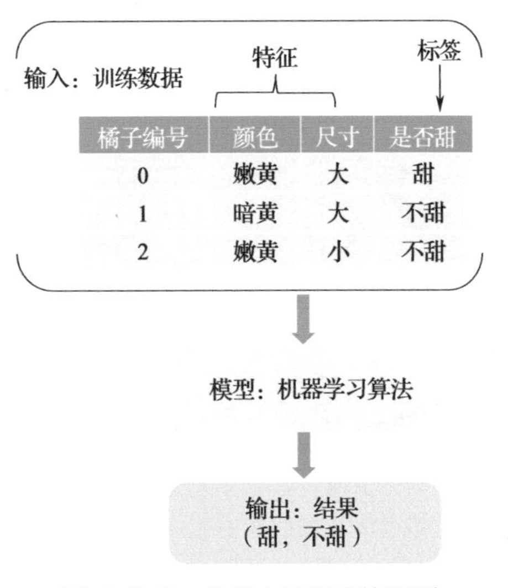

图 3-2-2　分类水果甜度的预测

引导问题 2

查阅相关资料，答一答。

下列（　　）不属于机器学习分类算法。

A. 最近邻算法　　　　B. k-means 算法

C. 朴素贝叶斯算法　　D. 逻辑斯谛回归算法

主流分类算法

主流的分类算法有最近邻（KNN）算法、朴素贝叶斯分类算法、逻辑斯谛回归算法、决策树算法、支持向量机（SVM）算法等。

（一）最近邻（KNN）算法

KNN 通过搜索 *k* 个最相似的实例（邻居）的整个训练集，总结该 *k* 个实例的输出变量，对新数据点进行预测，如图 3-2-3 所示。

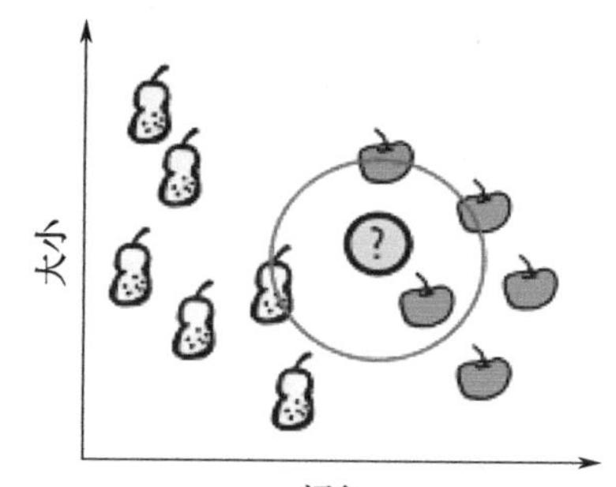

图 3-2-3　KNN 算法通过周围最近 *k* 个邻居来判断自身分类

（二）朴素贝叶斯算法

该算法计算数据点是否属于某个类别的可能性，将数据点划分到可能性最高的那个类别。

（三）逻辑斯谛回归算法

该算法主要解决二分类问题，用来表示某件事情发生的可能性，如图 3-2-4 所示。

（四）支持向量机（SVM）算法

SVM 训练算法构建一个模型，如图 3-2-5 所示。

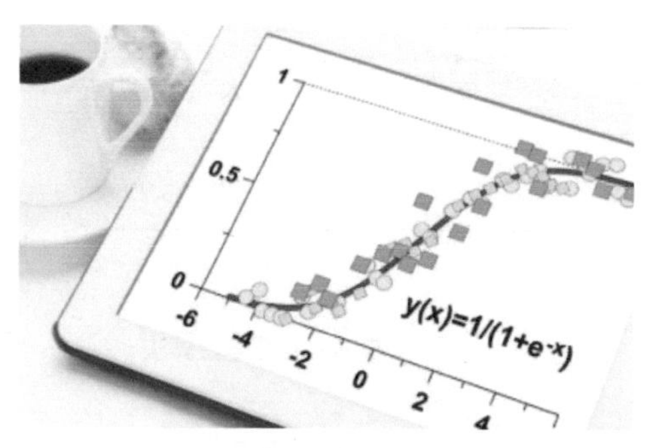

图 3-2-4　逻辑斯谛回归函数试图在数据集中绘制出曲线作为“分界线”

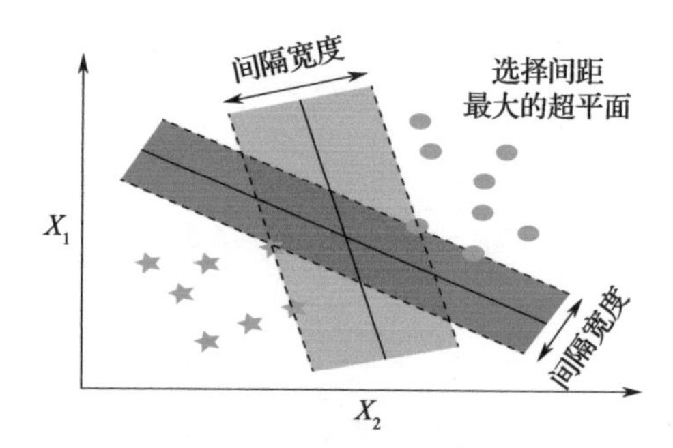

图 3-2-5　支持向量机算法在不同类别的数据集间寻找一个最大的“间隔”

引导问题 3

查阅相关资料，简述最近邻（KNN）算法的适用场景。

____

____

____

最近邻（KNN）算法定义与适用场景

KNN 算法通过找到训练集样本空间中的 k 个距离预测样本 x 最近的点，统计 k 个距离最近的点的类别，找出个数最多的类别，将 x 归入该类别。

如图 3-2-6 所示，可以清晰看出，当 k=5 时，其周围有四个点都是红色点，未知样本 X_u 应该属于类别 W_1，即红色点。

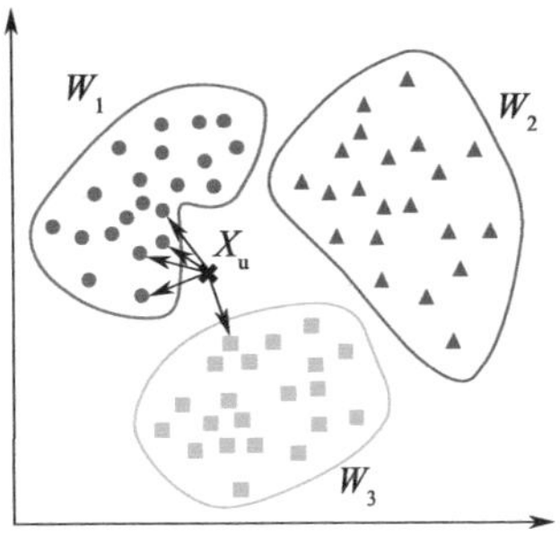

图 3-2-6 将未知样本 X_u 划分到 W_1 中

（一）KNN 算法的适用情形

KNN 算法适用于数据集较小、数据集中含有噪声、数据集分布不均匀、特征数目较少、没有先验知识的情形。

1. 数据集较小

KNN 算法需要将数据集中的所有样本进行比较，因此在数据集非常大的情况下，KNN 算法的计算成本会很高，导致算法效率低。

2. 特征数目较少

KNN 算法对特征数目的敏感度很高，当特征数目较少时，KNN 算法效果会比较好，但是当特征数目较多时，算法效果可能会变差。

（二）KNN 算法的适用场景

KNN 算法适用的场景有分类问题、回归问题、推荐系统等。

1. 分类问题

KNN 算法适用于分类问题，如对图像、文本等数据进行分类。在电商领域中，可以使用 KNN 算法对客户进行分类，如对于新客户，可以根据其购买历史、搜索记录等信息，将其分类为潜在的高、中、低价值客户。

2. 回归问题

KNN 算法也适用于回归问题，如根据房屋的特征预测其价格。在金融领域中，可以使用 KNN 算法对股票价格进行预测，根据历史数据预测未来某一天股票的价格。

3. 推荐系统

KNN 算法也可以用于推荐系统中，如根据用户的历史购买记录和浏览行为，推荐相似的商品或服务。

（三）KNN 和 k-means 的区别

KNN 和 k-means 的区别主要集中在有无数据标签与 k 的不同含义。

1. 有无数据标签（图 3-2-7）

1）KNN：训练 KNN 模型的数据集是带标签的数据，已经是完全正确的数据。

2）k-means：训练 k-means 的数据集是无标签的数据。

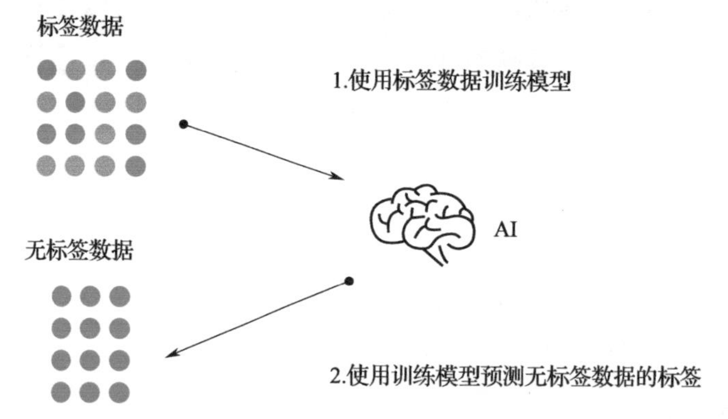

图 3-2-7　k-means 训练的数据是不带标签的数据，KNN 训练的数据是带标签的数据

2. k 的含义

1）KNN 算法：k 为选定的邻居数。KNN 对给定的样本 x 进行分类，从数据集中 x 附近找离它最近的 k 个数据点。这 k 个数据点，哪一类类别占的个数最多，就把 x 的标签设为哪一类类别，如图 3-2-8 所示。

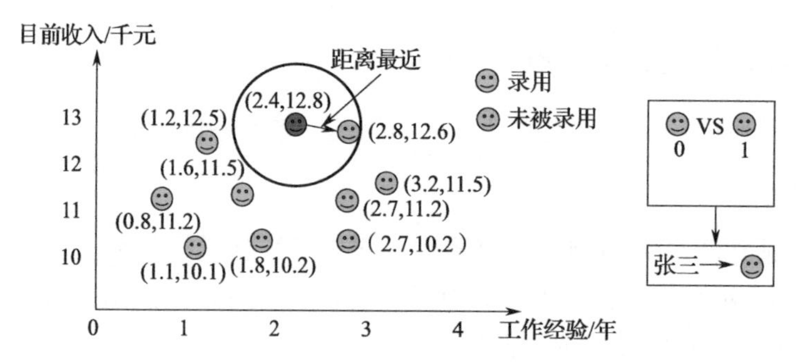

图 3-2-8　KNN 算法 k 值的含义——最近的 k 个邻居，图中 k=1

2）k-means：k 为数据集最后输出结果的类别数量。假设数据集合可以分为 k 个簇，k 是人工固定好的数字，如图 3-2-9 所示。

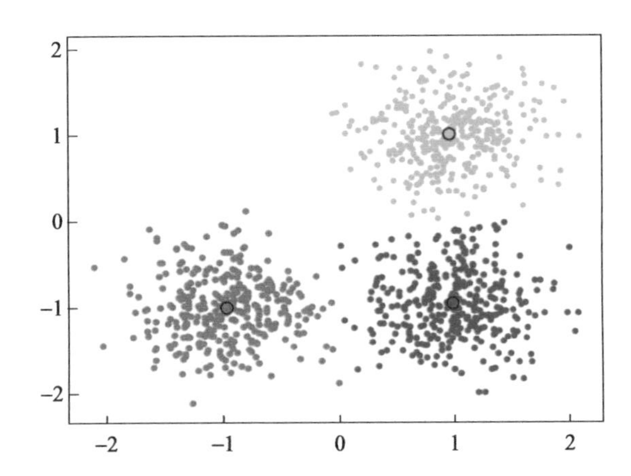

图 3-2-9　k-means 中 k 的含义表示最后的聚类结果数，图中 k=3

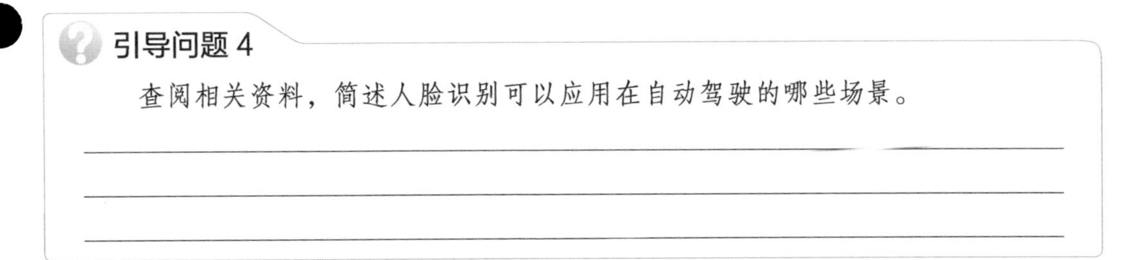

引导问题 4

查阅相关资料，简述人脸识别可以应用在自动驾驶的哪些场景。

人脸识别技术在自动驾驶中的应用

人脸识别技术的原理是：基于模式识别、图像处理和机器学习来识别和分析人脸的形状和特征。人脸识别技术在自动驾驶中主要有两大应用：用于驾驶员疲劳监测系统和驾驶员身份确认的汽车防盗系统。

（一）用于驾驶员疲劳监测系统

驾驶员疲劳监测系统（Driver Monitor System，DMS）是一种通过人脸识别技术与主动安全辅助系统结合来确保人车共驾安全的技术，当系统检测到驾驶员出现疲劳行为时，将会采取警告、制动等安全措施。目前市场上主要应用的有斯巴鲁 DriverFocus 系统和凯迪拉克的 Super Cruise 智能驾驶系统，如图 3-2-10 所示。

图 3-2-10　驾驶员疲劳监测系统实例

（二）用于驾驶员身份确认的汽车防盗系统

人脸识别将探测到的人脸与已保存的人脸特征进行比对，来识别驾驶员身份是否准确。如凯迪拉克 XT4 就能通过 B 柱的摄像头刷脸开车门，如图 3-2-11 所示。

图 3-2-11　汽车防盗系统进行驾驶员身份确认

引导问题 5

查阅相关资料，简述基于 KNN 算法的人脸识别项目实现流程。

____

____

____

基于 KNN 算法的人脸识别实训

（一）案例分析

首先使用图像处理技术来提取人脸图像中的特征，然后使用机器学习分类算法来训练模型，以识别不同的人脸。最后，根据训练好的模型来识别新的人脸图像。

在人脸识别中，KNN 算法可以通过比较待识别人脸图像与已有人脸图像的距离，找到最相似的 k 个人脸图像，并将待识别人脸图像归类到这 k 个图像的主要类别中，从而实现人脸识别。KNN 算法在处理小规模的人脸识别问题时，能够获得较好的识别效果。

通过 sklearn 实现 KNN，自动计算距离，自动选择最佳的 k 值，自动处理缺失值，根据需要使用不同的距离度量方法。模型训练好后通过 knn.predict 方法，直接输出一个包含基于输入数据的最近邻算法预测的类别标签数组。

（二）案例实现

1. 数据准备

sklearn 库提供了一个名为 datasets 的模块，其中包含了许多常用的预训练数据集。这些数据集已经被打包成可用于机器学习算法和模型的格式，可以直接用于训练和测试。

sklearn 库内置 LFW 数据集，可提供人脸训练数据。LFW 数据集包含 13233 张人脸图像，其中有 5749 个不同的人，每个人至少有两张图像。LFW 数据集使用方法见表 3-2-1。

表 3-2-1 LFW 数据集使用方法

步骤	代码	描述
1	from sklearn.datasets import fetch_lfw_people	导入 fetch_lfw_people 函数
2	lfw_people = fetch_lfw_people（min_faces_per_person=70，resize=0.4）	使用 fetch_lfw_people 函数加载 LFW 数据集
3	X = lfw_people.data	从 LFW 数据集中提取数据（每个样本都是一张图片的像素值）
4	y = lfw_people.target	从 LFW 数据集中提取标签（每个样本对应的人名）

2. 特征表示

lfw_people.data 是一个 Numpy 数组，其中包含了从 LFW 数据集中提取的人脸图像的像素数据。Numpy 数组中的每一行代表一张图像，每一列代表一个像素，每个像素的值表示图像中该像素点的颜色值。

3. KNN 模型训练及预测实现流程

KNN 模型训练及预测实现流程见表 3-2-2。

表 3-2-2 KNN 模型训练及预测实现流程

序号	流程	命令
1	导入 sklearn 中的 KNeighborsClassifier 类	from sklearn.neighbors import KNeighborsClassifier
2	实例化 KNN 模型	knn = KNeighborsClassifier（n_neighbors=3）
3	训练模型	knn.fit（X_train，y_train）
4	预测	y_predict = knn.predict（X_test）
5	评估模型	accuracy_score（y_test，y_predict）

任务分组

学生任务分配表

班级		组号		指导老师	
组长		学号			
组员角色分配					
信息员		学号			
操作员		学号			
记录员		学号			
安全员		学号			

（续）

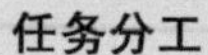

任务分工
（就组织讨论、工具准备、数据采集、数据记录、安全监督、成果展示等工作内容进行任务分工）

工作计划

按照前面所了解的知识内容和小组内部讨论的结果，制定工作方案，落实各项工作负责人，如任务实施前的准备工作、实施中主要操作及协助支持工作、实施过程中相关要点及数据的记录工作等。

工作计划表

步骤	工作内容	负责人
1		
2		
3		
4		
5		
6		
7		
8		

进行决策

1）各组派代表阐述资料查询结果。

2）各组就各自的查询结果进行交流，并分享技巧。

3）教师结合各组完成的情况进行点评，选出最佳方案。

任务实施

在自动驾驶中，人脸识别对驾驶的安全性和舒适性至关重要。扫描右侧二维码，了解基于 KNN 算法的人脸识别系统构建流程，并完成基于 KNN 的人脸识别实训。

基于 KNN 的人脸识别

参考操作视频，按照规范作业要求完成基于KNN的人脸识别实训，并完成工单记录。

基于KNN算法的人脸识别实训工单		
步骤	记录	完成情况
1	启动计算机设备，打开Jupyter Notebook编译环境	已完成□　未完成□
2	导入内置的LFW人脸数据集，提取数据集标签及特征	已完成□　未完成□
3	导入matplotlib、sklearn等功能库	已完成□　未完成□
4	加载LFW人脸数据集	已完成□　未完成□
5	将数据划分为训练集数据和测试集数据	已完成□　未完成□
6	进行特征降维	已完成□　未完成□
7	获取数据集中每张人脸的名称标签	已完成□　未完成□
8	定义*k*最近邻分类器	已完成□　未完成□
9	使用训练好的KNN模型对测试集数据进行预测	已完成□　未完成□
10	绘制成画廊，展示特征脸视觉效果	已完成□　未完成□

评价反馈

1）各组代表展示汇报PPT，介绍任务的完成过程。

2）以小组为单位，对各组的操作过程与操作结果进行自评和互评，并将结果填入综合评价表中的小组评价部分。

3）教师对学生工作过程与工作结果进行评价，并将评价结果填入综合评价表中的教师评价部分。

综合评价表

班级		组别		姓名		学号	
实训任务							
评价项目		评价标准				分值	得分
小组评价	计划决策	制定的工作方案合理可行，小组成员分工明确				10	
	任务实施	能够正确检查并设置实训环境				10	
		完成基于KNN的人脸识别实训				30	
		能够规范填写任务工单				20	
	任务达成	能按照工作方案操作，按计划完成工作任务				10	
	工作态度	认真严谨、积极主动				10	
	团队合作	小组组员积极配合、主动交流、协调工作				5	
	6S管理	将鼠标、键盘、桌椅进行归位				5	
	小计					100	

（续）

评价项目		评价标准	分值	得分
教师评价	实训纪律	不出现无故迟到、早退、旷课现象，不违反课堂纪律	10	
	方案实施	严格按照工作方案完成任务实施	20	
	团队协作	任务实施过程互相配合，协作度高	20	
	工作质量	能准确完成任务实施的内容	20	
	工作规范	操作规范，三不落地，无意外事故发生	10	
	汇报展示	能准确表达，总结到位，改进措施可行	20	
	小计		100	
综合评分		小组评价分 ×50% ＋教师评价分 ×50%		
总结与反思				

（如：学习过程中遇到什么问题→如何解决的 / 解决不了的原因→心得体会）

任务三　完成基于朴素贝叶斯算法的汽车行为预测实训

学习目标

- 了解朴素贝叶斯算法的原理与步骤流程。
- 了解朴素贝叶斯算法的特点和应用。
- 了解汽车轨迹预测技术的定义。
- 了解汽车轨迹预测技术的现有解决方案。
- 能够思考并确立基于朴素贝叶斯算法实现汽车轨迹预测的思路。
- 会用 Python 实现对汽车行为预测数据进行预处理、特征处理与模型评估。
- 会用 Python 实现对汽车行为预测数据进行朴素贝叶斯建模，培养理论联系实际，解决实际问题的职业能力。

知识索引

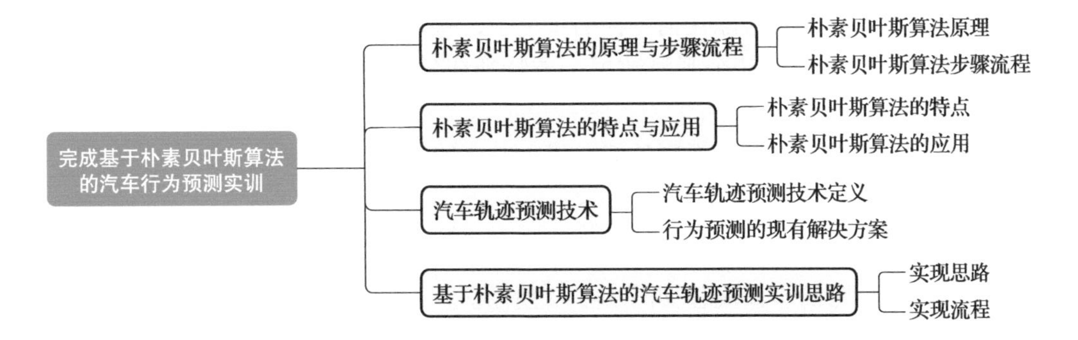

情境导入

作为无人驾驶系统开发小组中的决策算法工程师，你的主要职责是研究、评估、选择适合特定应用场景的感知算法、处理和分析传感器数据、开发和实现相关汽车决策算法等。

现需要你通过机器学习算法和历史行车数据对汽车的行为进行预测，为汽车的行驶提供支持。

获取信息

引导问题 1

查阅相关资料，简述朴素贝叶斯算法的原理与步骤流程。

____

____

____

朴素贝叶斯算法的原理与步骤流程

朴素贝叶斯算法（naive Bayes algorithm）是一种基于贝叶斯定理（Bayes' theorem）的分类算法，它假设特征之间相互独立，从而简化了计算过程。

（一）朴素贝叶斯算法原理

贝叶斯定理是一种用于计算条件概率的数学公式，可以通过已知的信息（先验概率）计算出一个事件发生的概率（后验概率），如图 3-3-1 所示。

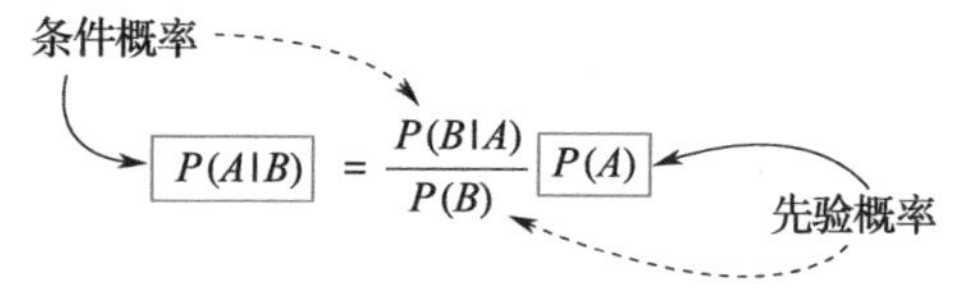

图 3-3-1　贝叶斯定理（贝叶斯公式）

朴素贝叶斯算法的基本思想是，通过先验概率和条件概率来计算后验概率，从而将样本分类到最可能的类别中。

先验概率是指在没有考虑任何特征的情况下，众多类别中每个类别出现的概率。

后验概率是指在给定某个观测数据（或特征向量）的情况下，计算该数据属于某一类别的概率。

条件概率是指在给定某个类别的情况下，某个特征出现的概率。

（二）朴素贝叶斯算法步骤流程

朴素贝叶斯算法的步骤流程如图 3-3-2 所示。

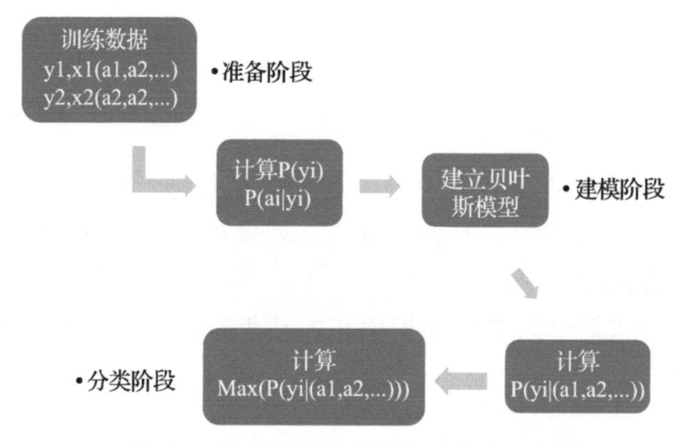

图 3-3-2　朴素贝叶斯算法的步骤流程

1. 准备训练数据

收集数据并标记每个样本的分类。

2. 计算先验概率和条件概率

1）对每个分类计算先验概率。

2）对于每个特征，计算在每个分类下的条件概率。

3. 基于贝叶斯定理计算后验概率

对于给定的样本，计算在每个分类下的后验概率。

4. 选择最大后验概率

选择具有最高概率的分类作为预测结果。

引导问题 2

查阅相关资料，简述朴素贝叶斯算法的特点与应用。

____

____

____

朴素贝叶斯算法的特点与应用

（一）朴素贝叶斯算法的特点

1）对小规模的数据表现很好，能处理多分类任务。

2）对缺失数据不太敏感，算法也比较简单。

3）对数据的分类较为稳定，受随机性的影响小。

（二）朴素贝叶斯算法的应用

朴素贝叶斯算法可以用于文本分类、垃圾邮件检测、情感分析、医学诊断等领域。

在医学诊断应用领域，朴素贝叶斯可以根据患者的症状、病史等信息，估计患者某种疾病的概率，从而帮助医生做出正确的诊断，如图 3-3-3 所示。

图 3-3-3　利用朴素贝叶斯进行疾病诊断

在天气预报应用领域，朴素贝叶斯算法可以根据历史气象数据和当前气象数据来估计未来的天气状况，包括温度、降水量、风力等，该算法可以从较大的范围内收集数据，并从中提取出有用的信息，进而预测未来的天气状况。

引导问题 3

查阅相关资料，简述汽车轨迹预测技术现有的解决方案。

____

____

____

汽车轨迹预测技术

（一）汽车轨迹预测技术定义

汽车轨迹预测技术是指根据过去汽车的运动轨迹，预测汽车未来一小段时间内的运动轨迹。该技术通过汽车的历史行驶记录，利用机器学习算法预测汽车在未来的路径，并预测汽车可能会遇到的拥堵情况。

汽车轨迹预测技术可以帮助汽车驾驶员和交通管理者更好地了解汽车的行驶路径，以及汽车可能会遇到的拥堵等问题，如图 3–3–4 和图 3–3–5 所示。

图 3–3–4　汽车行为判断

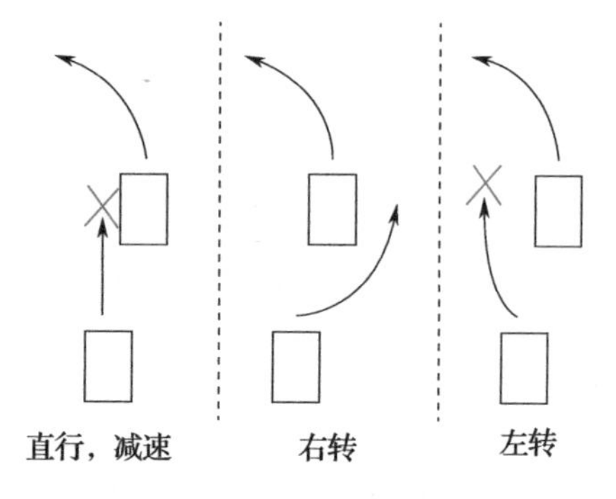

图 3–3–5　判断前方车辆是否会切入

（二）行为预测的现有解决方案

行为预测有两种方法：一是基于模型预测，二是基于数据驱动。

1. 基于模型预测

通过动力学模型对周围的目标进行建模，通过传感器测出速度、位置等信息，就能大概算出汽车的轨迹。模型预测法的优势是能把道路上的一些约束条件（交通规则）考虑进去。

2. 基于数据驱动

通过不断的数据训练，训练各种情况，机器会和人一样去处理路面上的问题。优势是能提取到微小特征。

引导问题 4

查阅相关资料，简述基于朴素贝叶斯算法的汽车轨迹预测实训思路。

____

____

____

基于朴素贝叶斯算法的汽车轨迹预测实训思路

（一）实现思路

1. 搜集数据得出先验概率

通过已知的汽车左转、右转和直行的运动轨迹数据，得出先验概率，即在路口汽车进行直行、左转或右转的运动轨迹可能性。

2. 概率比对

将目标汽车的信息与先验概率进行比对，从而计算出直行、左转和右转的概率，得到三个 P 的概率分布，对应于直行、左转、右转。

3. 得出预测结果

选择概率最大的一个作为目标汽车下一步最可能的动作，使用另一组信息去测试分类器模型，给出预测结果。

（二）实现流程

1. 数据特征处理

1）汽车行为数据集中的数据特征是指汽车纵向速度、横向速度、纵向位移和横向位移，汽车需要的标签是 left（左转）、right（右转）、keep（直行）。这里需要将标签的类别特征转换为数值特征。

2）在 sklearn 中使用 label encoder 方法将类别数据转换为数值数据。

2. 模型建立及预测

1）利用朴素贝叶斯算法对汽车行为数据进行建模。

2）使用模型对汽车行为进行预测。根据汽车行为变量，预测汽车的行为（左转、右转还是直行）。

3）在 sklearn 中使用 GaussianNB（）方法进行朴素贝叶斯算法的实现，见表 3-3-1。

表 3-3-1 sklearn GaussianNB（）方法的实现流程

序号	步骤	代码示例
1	导入库	from sklearn.naive_bayes import GaussianNB

2	准备数据	x = [[0, 0], [1, 1]] # 特征矩阵
		y = [0, 1] # 目标变量

（续）

序号	步骤	代码示例
3	创建分类器实例	clf = GaussianNB（ ）
4	拟合模型	clf.fit（X，y）
5	预测新样本	clf.predict（[[2.，2.]]）

3. 模型评估

1）分类模型。使用混淆矩阵、准确率、召回率等指标来评估模型的性能，确定模型的准确度。

2）在sklearn中，使用sklearn.metrics. accuracy_score和sklearn.metrics. confusion_matrix 命令实现模型评估。

任务分组

学生任务分配表

班级		组号		指导老师	
组长		学号			
组员角色分配					
信息员		学号			
操作员		学号			
记录员		学号			
安全员		学号			
任务分工					
（就组织讨论、工具准备、数据采集、数据记录、安全监督、成果展示等工作内容进行任务分工）					

工作计划

按照前面所了解的知识内容和小组内部讨论的结果，制定工作方案，落实各项工作负责人，如任务实施前的准备工作、实施中主要操作及协助支持工作、实施过程中相关要点及数据的记录工作等。

工作计划表

步骤	工作内容	负责人
1		
2		
3		
4		

（续）

步骤	工作内容	负责人
5		
6		
7		
8		

进行决策

1）各组派代表阐述资料查询结果。
2）各组就各自的查询结果进行交流，并分享技巧。
3）教师结合各组完成的情况进行点评，选出最佳方案。

任务实施

基于朴素贝叶斯算法的汽车行为预测

在自动驾驶中，准确预测汽车行为对汽车行驶的安全性至关重要。扫描右侧二维码，了解基于朴素贝叶斯算法实现汽车行为预测的流程。

参考操作视频，按照规范作业要求完成基于朴素贝叶斯算法的汽车行为预测实训，并填写工单。

基于朴素贝叶斯算法的汽车行为预测实训工单		
步骤	记录	完成情况
1	启动计算机设备，打开 Jupyter Notebook 编译环境	已完成□　未完成□
2	导入相关库和对应数据	已完成□　未完成□
3	数据探索性分析	已完成□　未完成□
	输入命令查看数据集前五列	
	输入命令查看数据集形状	
	输入命令进行标签转化	
4	数据特征处理	已完成□　未完成□
	输入命令将目标变量进行特征表示	
5	模型建立	已完成□　未完成□
	输入命令引用朴素贝叶斯类	
	输入命令拟合朴素贝叶斯模型	
	输入命令对朴素贝叶斯模型进行预测	
6	模型评估及案例结果分析	已完成□　未完成□
	评估预测结果	
	查看预测结果	

评价反馈

1）各组代表展示汇报 PPT，介绍任务的完成过程。

2）以小组为单位，对各组的操作过程与操作结果进行自评和互评，并将结果填入综合评价表中的小组评价部分。

3）教师对学生工作过程与工作结果进行评价，并将评价结果填入综合评价表中的教师评价部分。

综合评价表

班级		组别		姓名		学号	
实训任务							
评价项目		评价标准				分值	得分
小组评价	计划决策	制定的工作方案合理可行，小组成员分工明确				10	
	任务实施	能够正确检查并设置实训环境				10	
		完成汽车行为预测实训				30	
		能够规范填写任务工单				20	
	任务达成	能按照工作方案操作，按计划完成工作任务				10	
	工作态度	认真严谨，积极主动，安全生产，文明施工				10	
	团队合作	小组组员积极配合、主动交流、协调工作				5	
	6S 管理	完成竣工检验、现场恢复				5	
	小计					100	
教师评价	实训纪律	不出现无故迟到、早退、旷课现象，不违反课堂纪律				10	
	方案实施	严格按照工作方案完成任务实施				20	
	团队协作	任务实施过程互相配合，协作度高				20	
	工作质量	能准确完成任务实施的内容				20	
	工作规范	操作规范，三不落地，无意外事故发生				10	
	汇报展示	能准确表达，总结到位，改进措施可行				20	
	小计					100	
综合评分		小组评价分 ×50% ＋教师评价分 ×50%					
总结与反思							

（如：学习过程中遇到什么问题→如何解决的 / 解决不了的原因→心得体会）

能力模块四 掌握基于深度学习的计算机视觉技术应用

任务一 调研分析计算机视觉技术

学习目标

- 了解计算机视觉的定义。
- 了解计算机视觉的原理。
- 了解计算机视觉技术的发展历程。
- 了解计算机视觉的主要功能。
- 了解计算机视觉技术的应用。
- 能够例举至少三条计算机视觉的应用案例。
- 能够说明计算机视觉如何应用于自动驾驶技术。
- 能够讲解计算机视觉的原理，培养积极进取的职业态度。

知识索引

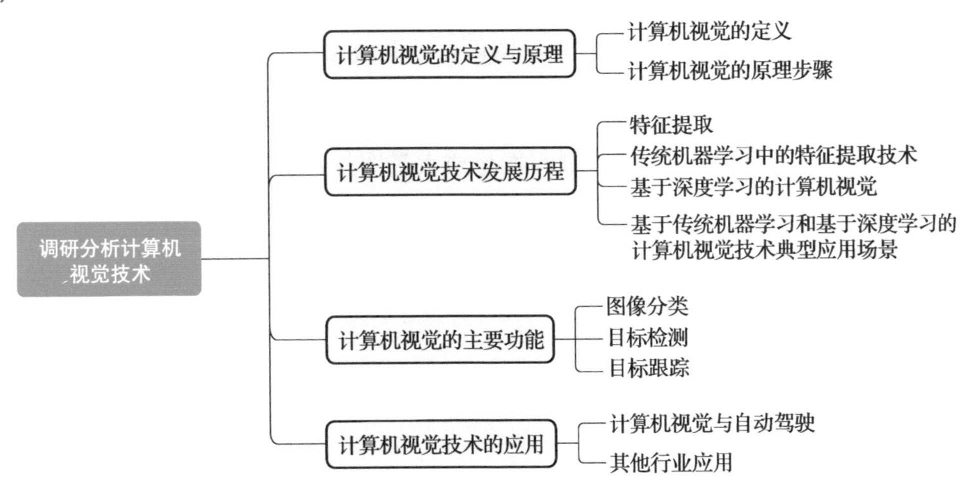

情境导入

某市计划利用最新的自动驾驶技术对全市的公交车进行改造，为公交车增添智能交互功能。现对公交车的智能交互项目进行招标，寻求优秀的解决方案。某自动驾驶科技公司有意竞标这一工程，你作为该公司的计算机视觉实习生，需要对计算机视觉技术进行调研分析，向市政府相关工作人员介绍你们的方案以及背后运用的技术。

获取信息

引导问题 1

查阅相关资料，计算机视觉工作的三个基本步骤是①__________②__________③__________。

计算机视觉的定义与原理

（一）计算机视觉的定义

计算机视觉（Computer Vision，CV）是一门研究如何使机器“看”的科学，更进一步地说，是指用摄影机和计算机代替人眼实现对目标进行识别、跟踪和测量等功能。

计算机视觉是一门涉及图像处理、机器学习和模式识别等技术的多学科交叉学科，是进入 21 世纪之后非常活跃的研究方向。

（二）计算机视觉的原理步骤

计算机视觉遵循三个基本步骤来理解图像：获取数字图像→处理图像→认知图像。

1. 获取数字图像

机器通过照片、视频或 3D 技术获得图像或大量图片，以进行进一步分析。

2. 处理图像

系统处理图像并将其划分为多个部分，以对其进行单独分析。

3. 认知图像

最后一步是识别一个对象，然后将其分组到单独的类别中。

引导问题 2

查阅相关资料，描述传统计算机视觉技术与基于深度学习的视觉技术中特征提取的原理区别。

____

____

____

计算机视觉技术发展历程

（一）特征提取

应用计算机视觉技术时，研究者需要对研究对象进行描述，以便计算机能够理解和处理研究对象，这个描述的过程即“特征提取”。也就是找到一些能够代表研究对象的重要特征，并将它们提取出来。这些特征可以包括颜色、形状、纹理等，它们能够帮助计算机区分和识别不同的对象。

特征提取是计算机视觉中非常重要的一个步骤，找到合适的特征对研究对象进行表征非常重要。例如，在早期的人脸识别中，研究者通过提取出人脸上关键部位和比例构成一个特征向量，并以此训练分类器来实现人脸识别。

（二）传统机器学习中的特征提取技术

传统机器学习中，需要手动设计特征提取器将输入数据转换为机器学习算法可以处理的格式。视觉工程师必须决定寻找哪些特征以检测图像中的特定对象，并且为每个类别选择正确的特征。当可能的类别数量增加时，该方法将变得十分复杂，工程师必须手动微调许多参数，如颜色、边缘、质地等。

这一过程通常需要相关领域专业知识和大量试错，而且随着数据集的变化，特征提取器可能需要重新设计和调整，人力成本和时间成本极高。

（三）基于深度学习的计算机视觉

深度学习中的卷积神经网络（Convolutional Neural Network，CNN）通过引入卷积层和池化层来解决传统机器学习的特征提取难题。

卷积层可以自动地学习输入数据中的特征，池化层可以对这些特征进行降维和抽象，从而减少模型中的参数数量和计算量。这使得 CNN 能够对原始数据进行端到端的学习，无需手动设计和调整特征提取器。

卷积层通过一系列的卷积操作，从输入数据中提取出特征图。卷积操作可以捕捉到输入数据中的局部模式，如图像中的边缘、角落等。池化层则通过对特征图进行下采样，减少特征图的大小和数量，从而在一定程度上降低模型的复杂度，避免了过拟合现象。

CNN 使用端到端学习的概念，仅需要告诉算法去学习、注意每个特定类的特征。通过分析样本图像，它可以自动得出每个类 / 对象的最突出和最具描述性的特征。

传统机器学习算法与深度学习工作原理区别如图 4-1-1 所示。

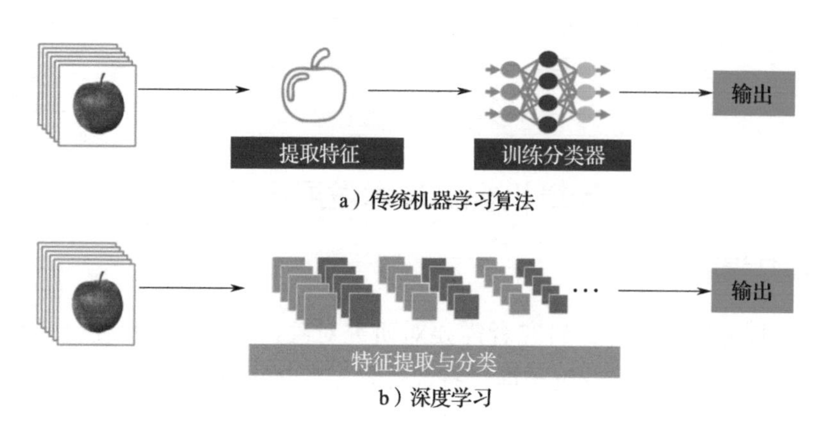

图 4-1-1　传统机器学习算法与深度学习工作原理区别

（四）基于传统机器学习和基于深度学习的计算机视觉技术典型应用场景

CNN 在许多计算机视觉、语音识别和自然语言处理等领域中取得了巨大的成功，已经成为处理复杂数据的强大工具。

在实际应用中选择哪项技术取决于实际应用场景。虽然在许多实例中，基于深度学习的方法可以带来额外的优势，但成本的增加反而导致得不偿失。例如，建立并训练一个深度学习网络的目的只是为了区分红色和绿色物体，那么这就没有实际意义。或许只需要一个基于规则的简单颜色比较功能即可满足要求，而且它很可能比深度学习网络更合适、更高效。

通常使用传统方法来处理的实例还包括对尺寸和距离进行精确测量。在这些实例中，传统方法非常可靠，使用深度学习技术反而费时费力，并且不会带来显著的优势。

复杂应用场景下研究者会根据需要对受检图像设计不同的测试步骤。例如，在常规读取条码的同时，就需要借助深度学习网络对物体进行识别和结构检测。

深度学习与传统机器学习算法技术典型应用场景与应用特点见表 4-1-1。

表 4-1-1　深度学习与传统机器学习算法技术典型应用场景与应用特点

	深度学习	传统视觉方法
典型应用场景	表面检测，纹理检测，质量控制，对象或缺陷分类，缺陷（异常值）检测，边缘提取，光学字符识别（OCR）	高精度测量与匹配，条码和数据码读取，印刷检测，3D 视觉（机器人视觉），高性能匹配，高精准分割
应用特点	（1）对象可变性高 （2）对象方向多变 （3）特征不确定 （4）未知缺陷 （5）足够的可用图像	（1）刚性物体 （2）有固定位置和方向 （3）已知具体特征 （4）需要较高透明度

引导问题 3

查阅相关资料，简述计算机视觉技术可以实现的主要功能。

____

____

____

计算机视觉的主要功能

在实际应用中，计算机视觉主要承担四类主要功能：分类（Classification）、检测（Detection）、识别（Identification）和分割（Segmentation）。除此之外，还包含图像滤波与降噪、图像增强、图像检索、三维重建等功能。

（一）图像分类

顾名思义，图像分类就是一个模式分类问题，其目标是将不同的图像划分到不同的类别，实现最小的分类误差。图像分类常见三种方式如下（图 4–1–2）。

a）跨物种分类

b）细粒度分类

c）实例级分类

图 4–1–2　图像分类的常见方式

1. 跨物种分类

跨物种分类是指将一个物种的分类模型应用于其他物种的分类问题。例如，将针对猫或狗的图像分类模型应用于其他动物（如老虎或熊）的图像分类问题中。这种跨物种分类的能力是非常有用的，因为对于许多物种可能只有很少的标记数据可用于训练分类器。如果可以使用其他相关物种的数据来训练分类器，那么就可以更有效地解决分类问题。

2. 细粒度分类

细粒度分类是指将同一类别的物品进一步分成更具体、更具区分度的子类别。这种分类方法可以更好地理解和识别不同物品之间的差异。例如，将狗这一大类别分为不同品种的狗，如吉娃娃、金毛等。通过进行细粒度分类，可以更加精准地了解不同物品之间的相似性和差异性。

3. 实例级分类

此分类方式是一种机器学习问题，其目标是为给定的输入实例（如图像或文本）分配一个或多个类别标签。与传统的分类问题不同，实例级分类需要考虑每个输入实例都有其独有的特征和属性，因此需要对每个实例进行单独分类，而不是将它们归入一个通用的类别。

（二）目标检测

分类任务给出的是整张图片的内容描述，而目标检测任务则关注图片中特定的目标，如图 4-1-3 所示。

检测任务包含两个子任务：分类任务和定位任务。分类任务是指目标的类别信息和概率。定位任务是指目标的具体位置信息。

图 4-1-3　检测图片中的猫

（三）目标跟踪

目标跟踪的目的是跟踪一个或多个特定目标在视频中的位置。它可以用来检测和跟踪人脸、车辆、动物等，并且可以跟踪目标的运动轨迹，以及检测目标的行为。

目标跟踪常应用于视频监控系统。其具体表现形式就是视频中运动目标的跟踪，跟踪的结果通常就是一个框，如图 4-1-4 所示。

图 4-1-4　跟踪汽车运行轨迹

引导问题 4

查阅相关资料，简述计算机视觉在自动驾驶中的应用场景。

____

____

____

计算机视觉技术的应用

随着图像采集设备的不断推陈出新、视觉信息生产的爆炸式增长、机器算力的不断提升，以及深度神经网络模型的出现，视觉领域的图像处理技术日新月异，所适用的领域场景在不断拓宽。

（一）计算机视觉与自动驾驶

通过设计人工神经网络，利用海量路测数据进行持续训练，将不同感知任务的网络联合起来，即可构建自动驾驶汽车感知系统（图 4-1-5）。基于计算机视觉的自动驾驶感知系统可分成两类：障碍物感知模块和环境感知模块。

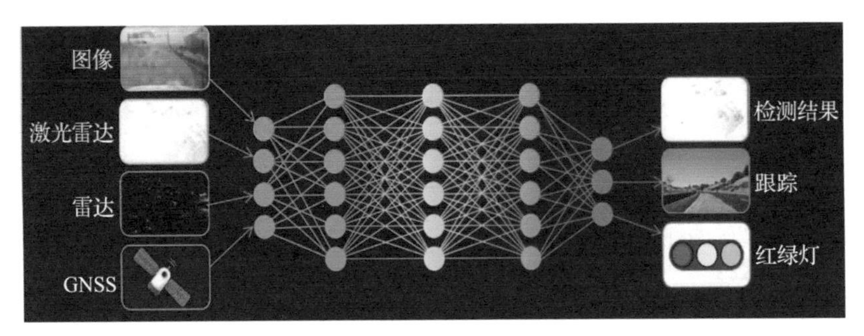

图 4-1-5　神经网络对图像、激光雷达、雷达、GNSS 数据进行处理

1. 障碍物感知

自动驾驶感知系统的障碍物感知模块主要用于检测并跟踪道路上的障碍物，包括其他车辆、行人、建筑物、路标等。

障碍物感知模块通常使用计算机视觉和雷达传感器进行数据采集和处理。采集和处理后的信息用于自动驾驶车辆的路径规划和决策制定，平稳地避开障碍物，确保在行驶过程中的车辆安全，如图 4-1-6 和图 4-1-7 所示。

图 4-1-6　对道路上的车辆进行检测

图 4-1-7　计算机视觉跟踪其他车辆的运行轨迹

2. 交通环境感知

环境感知旨在利用算法识别道路区域、车道线、交通标志、红绿灯等信息，为车辆判断环境，为定位、规划等模块提供信息。

（1）检测交通标志和红绿灯

自动驾驶汽车可以使用摄像头或激光雷达来检测红绿灯，并依据红绿灯的状态来控制行驶方向，如图 4-1-8 所示。

（2）检测车道线

对于自动驾驶汽车而言，车道线识别结果的偏差可能会带来灾难性的后果。采用分割技术来检测车道线，可以使自动驾驶车辆在行驶时保持在规定的车道上，同时还能检测弯道并按照道路转弯，从而为乘客提供安全的行驶体验，如图 4-1-9 所示。

图 4-1-8　自动驾驶的红绿灯和车牌检测

图 4-1-9　自动驾驶检测车道线

（二）其他行业应用

除了自动驾驶行业，计算机视觉在其他行业同样发挥着重要的作用，如农业、安防等。

1. 农业行业

计算机视觉在农业中的应用主要是用来检测农作物的健康状况、病害和虫害的发生，以及农作物成熟度的评估。

（1）检测农作物健康状况

农业企业可以使用计算机视觉系统来检测农作物的病害，以及农作物的成熟度。检测系统利用摄像头和光学传感器来捕捉农作物的图像，然后利用机器学习算法对图像进行分析，从而评估农作物的健康状况和成熟度，如图 4-1-10 所示。

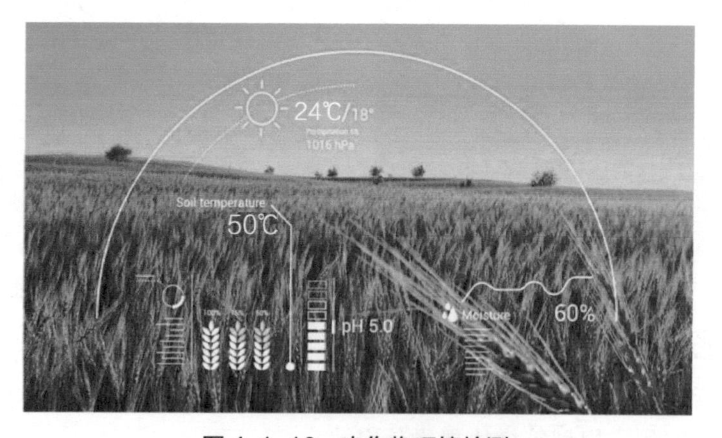

图 4-1-10　农作物环境检测

（2）虫害检测

利用摄像头和机器学习算法，研究者可以识别和检测植物上的虫害，及时采取防治措施，以减小农作物的损失。

（3）辅助农业除草

例如，美国 Blue River Technology 公司的 See & Spray 除草机器人和日本 AGRIROBO 公司的 RoboCafaro 视觉除草机器人。这些机器人具有高精度的视觉感知和定位能力，能够在农田中实现高效、准确的除草操作，从而帮助农民降低劳动成本，提高农业生产效率，如图 4-1-11 和图 4-1-12 所示。

图 4-1-11　美国 Blue River Technology 公司的 See & Spray 除草机器人

图 4-1-12　日本 AGRIROBO 公司的 RoboCafaro 视觉除草机器人

2. 安防行业

计算机视觉技术可以对结构化的人、车、物等视频内容信息进行快速检索、查询，辅助公安系统在繁杂的监控视频中快速搜寻罪犯，通常应用于大量人群流动的交通枢纽，可实现人群分析、防控预警等功能，如图 4-1-13 和图 4-1-14 所示。

图 4-1-13　城市中的安防摄像头

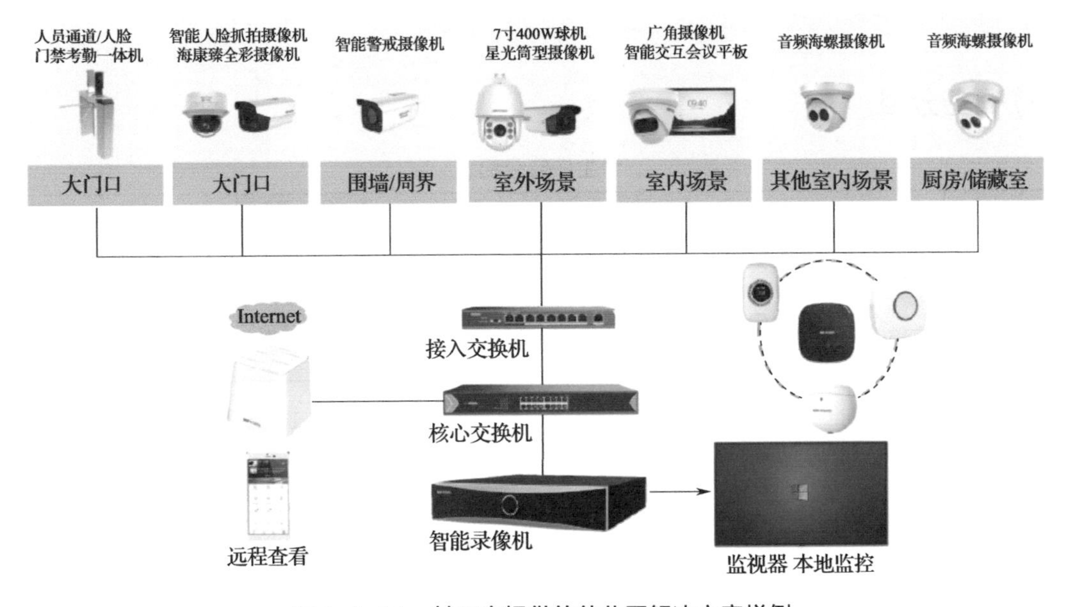

图 4-1-14　某厂商提供的幼儿园解决方案样例

拓展阅读

中国机器视觉行业发展现状

中国市场已成为全球机器视觉市场规模增长最快的市场之一。据华经产业研究院数据统计，2018—2021 年，中国机器视觉市场规模由 102 亿元增至 181 亿元，复合年均增长率为 21.07%。预计 2021 年至 2025 年，中国机器视觉行业市场规模将以 21.4% 的复合增长率增长，至 2025 年将达 393 亿元，下游应用拓展为行业主要增长点，市场潜力巨大。

资本推动是机器视觉行业高速发展的重要因素之一。机器视觉领域是近几年融资热点领域，近年来国内主要机器视觉生产研究参与者多次获得大额融资，大量的资本投入加速了行业的研发过程，并进一步带动市场拓展。2015 年以来，我国机器视觉领域的投融资事件数量和融资金额整体上呈增长态势。据 IT 桔子数据，2021 年，我国机器视觉行业投融资事件达到 91 起，较 2020 年增加 30 起，完成投融资金额 193.4 亿元，同比增长 72.9%。

国内机器视觉行业起步于 20 世纪 90 年代，最开始主要从事国外产品代理。进入 21 世纪后，随着本土厂商技术和经验的积累，国内机器视觉企业开始凭借定制化的本土服务和显著的成本优势参与市场竞争，自主研发产品比例不断扩大，国产化进程加快。

2019—2021 年，中国机器视觉行业自主业务销售额由 85.9 亿元增长至 134.7 亿元，自主业务占比由 76.5% 增长至 83.2%。中国机器视觉自主研发产品比例不断上升，在镜头、光源、工业相机等技术上不断突破和创新，国产化替代取得实质性进展，发展态势良好。

任务分组

学生任务分配表

班级		组号		指导老师	
组长		学号			
组员角色分配					
信息员		学号			
操作员		学号			
记录员		学号			
安全员		学号			
任务分工					
（就组织讨论、工具准备、数据采集、数据记录、安全监督、成果展示等工作内容进行任务分工）					

工作计划

按照前面所了解的知识内容和小组内部讨论的结果，制定工作方案，落实各项工作负责人，如任务实施前的准备工作、实施中主要操作及协助支持工作、实施过程中相关要点及数据的记录工作等。

工作计划表

步骤	工作内容	负责人
1		
2		
3		
4		
5		

进行决策

1）各组派代表阐述资料查询结果。
2）各组就各自的查询结果进行交流，并分享技巧。
3）教师结合各组完成的情况进行点评，选出最佳方案。

任务实施

完成计算机视觉相关资料的查询，并填写工单。

调研分析计算机视觉技术实训工单	
记录	完成情况
1. 什么是计算机视觉技术？该技术的主要作用是什么？ ______ ______ ______ 2. 计算机视觉中的特征提取技术经历了哪些发展历程？产业中是如何选择传统机器学习算法和深度学习技术的应用场景的？ ______ ______ ______ 3. 计算机视觉在自动驾驶行业中是如何发挥作用的？ ______ ______ ______	已完成□ 未完成□

（续）

6S 现场管理			
序号	操作步骤	完成情况	备注
1	建立安全操作环境	已完成□　未完成□	
2	清理及整理工具、量具	已完成□　未完成□	
3	清理及复原设备正常状况	已完成□　未完成□	
4	清理场地	已完成□　未完成□	
5	物品回收和环保	已完成□　未完成□	
6	完善和检查工单	已完成□　未完成□	

评价反馈

1）各组代表展示汇报 PPT，介绍任务的完成过程。

2）以小组为单位，对各组的操作过程与操作结果进行自评和互评，并将结果填入综合评价表中的小组评价部分。

3）教师对学生工作过程与工作结果进行评价，并将评价结果填入综合评价表中的教师评价部分。

综合评价表

<table>
<tr><td>班级</td><td></td><td>组别</td><td></td><td>姓名</td><td></td><td>学号</td><td></td></tr>
<tr><td colspan="2">实训任务</td><td colspan="6"></td></tr>
<tr><td colspan="2">评价项目</td><td colspan="4">评价标准</td><td>分值</td><td>得分</td></tr>
<tr><td rowspan="9">小组评价</td><td>计划决策</td><td colspan="4">制定的工作方案合理可行，小组成员分工明确</td><td>10</td><td></td></tr>
<tr><td rowspan="3">任务实施</td><td colspan="4">调研分析计算机视觉技术的定义与作用</td><td>20</td><td></td></tr>
<tr><td colspan="4">调研分析计算机视觉技术中机器学习和深度学习技术的应用场景</td><td>20</td><td></td></tr>
<tr><td colspan="4">调研分析计算机视觉在自动驾驶中的应用</td><td>20</td><td></td></tr>
<tr><td>任务达成</td><td colspan="4">能按照工作方案操作，按计划完成工作任务</td><td>10</td><td></td></tr>
<tr><td>工作态度</td><td colspan="4">认真严谨，积极主动，安全生产，文明施工</td><td>10</td><td></td></tr>
<tr><td>团队合作</td><td colspan="4">小组组员积极配合、主动交流、协调工作</td><td>5</td><td></td></tr>
<tr><td>6S 管理</td><td colspan="4">完成竣工检验、现场恢复</td><td>5</td><td></td></tr>
<tr><td colspan="5">小计</td><td>100</td><td></td></tr>
</table>

（续）

评价项目		评价标准	分值	得分
教师评价	实训纪律	不出现无故迟到、早退、旷课现象，不违反课堂纪律	10	
	方案实施	严格按照工作方案完成任务实施	20	
	团队协作	任务实施过程互相配合，协作度高	20	
	工作质量	能准确完成任务实施的内容	20	
	工作规范	操作规范，三不落地，无意外事故发生	10	
	汇报展示	能准确表达，总结到位，改进措施可行	20	
	小计		100	
综合评分		小组评价分 ×50% ＋教师评价分 ×50%		
总结与反思				

（如：学习过程中遇到什么问题→如何解决的 / 解决不了的原因→心得体会）

任务二 完成 OpenCV 与图像处理基础实训

学习目标

- 了解数字图像处理技术基础。
- 了解图像数据预处理技术功能与常见方法。
- 了解 OpenCV 特点与功能模块。
- 了解图像数据预处理的常用方法。
- 会用 OpenCV 实现图像数据的加载、显示与保存。
- 会用 OpenCV 实现对实时视频的获取和处理。
- 会用 OpenCV 实现对文件中视频数据的加载和处理。
- 会用 OpenCV 实现对图像数据的色彩空间转换。
- 会用 OpenCV 实现对图像数据的大小缩放。
- 会用 OpenCV 实现对图片方框加工与文字标记处理，培养注重细节的职业态度。

知识索引

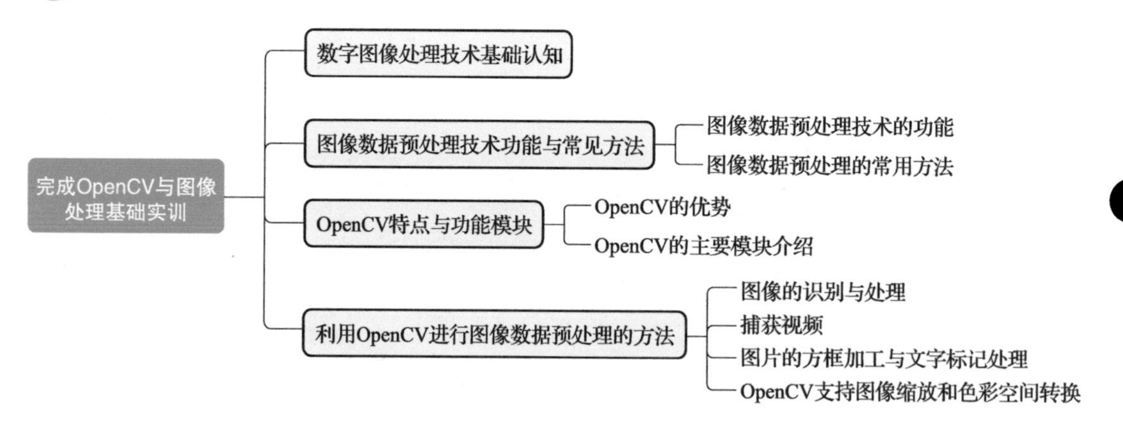

情境导入

你公司的公交车改造方案已经成功中标，公司的整体方案是通过计算机视觉技术实现公交车的智能交互。

图像数据的清洗和预处理是机器学习和计算机视觉任务中至关重要的步骤，你作为图像处理工程师，主要岗位职责是对于特定的应用场景，设计和实现相关的图像处理算法，以实现对图像的增强、分割、识别等操作，满足具体的业务需求。现需要你使用 OpenCV 处理数据，为后续训练模型构建交互系统提供高质量的数据。

获取信息

引导问题 1

数字图像处理技术的实现，极大地改变了人类社会。查阅相关资料，说明数字图像处理技术在医学和安防监控领域的应用。

____

____

____

数字图像处理技术基础认知

数字图像处理技术是指使用数字计算机对数字图像进行处理、分析、识别、压缩和传输的技术。它涵盖了从图像获取、预处理、分割、特征提取、图像恢复和增强等多个方面，广泛应用于医学影像、安防监控、工业检测、机器人视觉、虚拟现实等领域。

数字图像处理技术的出现，使得人们能够以数字方式对图像进行处理和传输，极大地提高了图像的处理效率和准确性。随着计算机性能的提高和图像处理算法的不断优化，数字图像处理技术的应用前景越来越广阔。

例如，在医学领域，数字图像处理技术可以对 CT、MRI 等医学影像进行快速分析和诊断，提高医疗效率和准确性。

在安防监控领域，数字图像处理技术可以自动检测和识别异常行为，提高监控的效率和准确性。

引导问题 2

查阅相关资料，简述图像数据预处理技术的功能和常用方法。

____

____

____

图像数据预处理技术功能与常见方法

在分析图像问题时，由于环境和拍摄自身因素影响，使得需要处理的图像存在一定的问题，同时由于操作的要求，需要对图像进行一定的转换。所以，在处理图像之前，要对图像做预处理，以方便后期操作。

（一）图像数据预处理技术的功能

图像预处理的主要目的是消除图像中无关的信息，恢复有用的真实信息，增强有关信息的可检测性和最大限度地简化数据，从而改进特征提取、图像分割、匹配和识别的可靠性。

（二）图像数据预处理的常用方法

1. 灰度转换

灰度转换是指将图像从彩色转换为黑白。它通过降低图像中的像素数量来降低机器学习算法的计算复杂度。由于大多数图片识别场景不需要识别颜色，因此通过灰度转换可以大幅度减少所需的计算量，如图 4–2–1 所示。

图 4–2–1　猫图片的灰度转换

2. 标准化

像素是图像最小的单位，通常用于描述图像的分辨率。每个像素都是由数字表示的，这些数字代表了该像素在红、绿、蓝（RGB）颜色空间中的强度。例如，RGB 彩色图像中的像素值可以表示为一个三元组，如（255，0，0），表示该像素在红色通道上的值为 255，而在绿色和蓝色通道上的值为 0。

图像标准化是指将图像的值缩放到预定义范围，即 0~1 之间或 –1~1 之间。标准化的目的是使不同图像的像素值在相同的范围内，从而使它们可以在同一模型中使用。标准化还可以使模型更容易学习图像的特征，因为这样模型不再需要对不同图像之间值的差异进行处理。

3. 数据扩充

数据扩充是指在不收集新数据的情况下对现有数据进行微小改动以增加其多样性的过程，是一种用于扩大数据集的技术。标准数据增强技术包括水平和垂直翻转、旋转、裁剪、剪切等。

引导问题 3

查阅相关资料，简述 OpenCV 的特点与三个功能模块。

____

____

____

OpenCV 特点与功能模块

OpenCV（Open Source Computer Vision Library）是由英特尔公司资助的开源计算机视觉库，可实现图像处理和计算机视觉方面的很多通用算法，例如，特征检测与跟踪、运动分析、目标分割与识别以及 3D 重建等，如图 4-2-2 所示。

图 4-2-2　OpenCV 检测宠物实例

（一）OpenCV 的优势

OpenCV 作为基于 C/C ++语言编写的跨平台开源软件具有很高的兼容性，可以运行在 Linux、Windows、Android 和 Mac OS 操作系统上，同时还提供了 Python、Ruby、MATLAB 等语言的接口。

OpenCV 图像处理可以应用于多个领域，包括生物医学、工业、军事安防、机器视觉、航空航天等领域，例如，航空航天定位、卫星地图绘制、工厂大规模生产视觉检测、无人飞行器的视觉捕捉技术。

（二）OpenCV 的主要模块介绍

OpenCV 具有模块化结构，包含多个共享或静态库。

1. 核心功能（core）

定义基本数据结构的紧凑模块，包括密集的多维数组和所有其他模块使用的基本功能。

2. 图像处理（imgproc）

图像处理模块，包括线性和非线性图像过滤、几何图像变换（调整大小、仿射和透视变形、通用的基于表格的重新映射）、色彩空间转换、直方图等。

3. Video Analysis（video）

视频分析模块，包括运动估计、背景减除和对象跟踪算法。

4. 相机校准和 3D 重建（calib3d）

包括基本的多视图几何算法、单相机和立体相机校准、物体姿态估计、立体对应算法和 3D 重建的元素。

5. 2D 特征框架（features2d）

包括显著特征检测器、描述符和描述符匹配器。

6. 对象检测（objdetect）

检测预定义类的对象和实例（如面部、眼睛、杯子等）。

7. 高级 GUI（highgui）

具有简单 UI 功能的易于使用的界面。

8. 视频 I/O（videoio）

一个易于使用的视频捕获和视频编译解码器接口。

9. 其他

例如，FLANN 和 Google 测试包装器、Python 绑定等。

引导问题 4

查阅相关资料，简述 OpenCV 如何实现图像数据的预处理。

____

____

____

利用 OpenCV 进行图像数据预处理的方法

OpenCV 具备强大的图像和矩阵运算能力，提供了大量的图像处理和矩阵运算函数（例如，图像处理函数：cv::resize，cv::flip，cv::warpAffine、矩阵运算函数：cv::invert，cv::solve，cv::determinant），可以实现图像的滤波、图像分割、图像特征提取、图像识别、视频处理等功能。

（一）图像的识别与处理

通过 OpenCV 的 API 可以很方便地进行图片的加载和展示，如图 4-2-3 所示。

图 4-2-3　常用的图片处理方式

OpenCV 的 API 分为 imread（）、imshow（）、wait-Key（）和 destroyAllWindows（）等方法，分别代表图片的加载、图片的展示、图片展示延迟和窗口关闭等操作。

OpenCV 图像识别的常用命令及其解释说明见表 4-2-1。

表 4-2-1 OpenCV 图像识别的常用命令及其解释说明

命令	解释说明
imread（filename，flag=none）	表示从文件中加载图像并返回图像
imshow（winname，mat）	在窗口中展示一张图片，其中，winname 和 mat 分别代表窗口和图片名字
wait-Key（delay）	参数 delay 表示图片展示延迟的时间，单位为 ms。如果 delay 数值为 0，则表示一直等到有键盘事件响应为止
destroyAllWindows（）	关闭窗口，销毁当前对象

使用上述方法进行图片加载和展示时，一般需要如下四步。

第 1 步，导入 OpenCV，其语法为 import cv2，然后通过 cv2.imread（“文件路径 / 文件名”）进行加载。

第 2 步，展示图片，如 cv2.imshow（“win1”，img1）。

第 3 步，设置延迟时间，如 wait-Key（0）表示接收到键盘事件后才停止。

第 4 步，cv2.destroyAllWindows（），表示关闭窗口，销毁对象。

至此，使用 OpenCV 进行简单的图片加载和展示就完成了。

（二）捕获视频

OpenCV 除了可以获得和识别静态图像外，还可以捕获视频图像。

应用 OpenCV 捕获视频实际上是捕获视频中的一帧帧图片。要捕获视频可以使用 OpenCV 提供的 cv2.VideoCapture（）方法，捕获视频的对象可以通过摄像头，也可以直接针对视频文件，如图 4-2-4 所示。

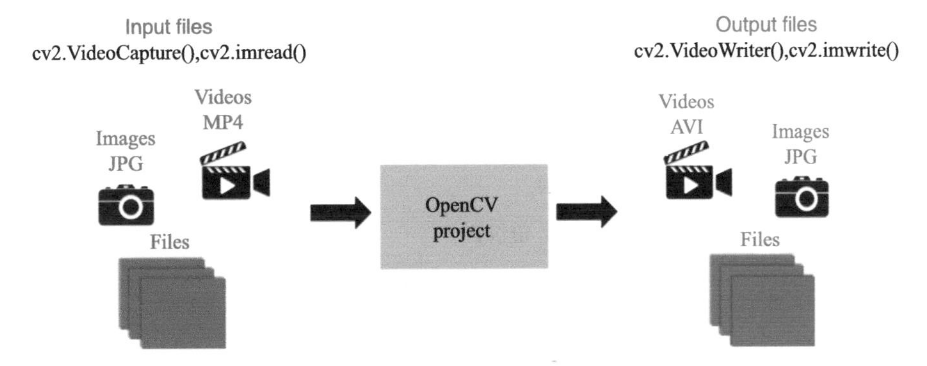

图 4-2-4 OpenCV 通过 cv2.VideoCapture 捕获视频

下面通过一段示例代码来说明。

```
import cv2
video=cv2.VideoCapture(0)   #0 表示笔记本计算机摄像头
while True:
ret, img=video.read()
```

```
if not ret:
print('没有捕获到视频')
break
cv2.imshow("mywin", img)
if cv2.waitKey(1)!=-1:          #关闭摄像头，关闭窗口
video.release()
cv2.destroyAllWindows()
break
```

（三）图片的方框加工与文字标记处理

OpenCV 对加载的图片可以进行加方框以及添加文字标记处理，如图 4-2-5 所示。

图 4-2-5　通过 OpenCV 给图片添加方框和文字

OpenCV 分别提供了 rectangle( ) 和 putText( ) 方法进行添加方框和文字的处理，其语法为：

rectangleimg，pt1，pt2，color，thickness=none

putText（img，text.org，fontFace，fontScale，color，thickness=none）

其中各个参数分别代表的含义见表 4-2-2。

表 4-2-2　OpenCV 常用命令参数及其含义

参数	含义
img	要加方框的图片
pt1	图片的左上角坐标
pt2	图片的右下角坐标
color	方框线条或文字的颜色
thickness	线条或文字的厚度
text	要添加的文本内容
org	添加文本框的左下角位置
fontFace	字体类型：常用的有 FONT_HERESHEY_DU-
fontScale	以原有字体为基准，对字体进行缩放

（四）OpenCV 支持图像缩放和色彩空间转换

1. 图像缩放

图像缩放可以使用 cv2.resize（）函数来实现。它接收三个参数：源图像、目标图像大小和插值方法。插值方法是指指定在图像缩放时处理像素值的转换方式。Opencv 常用插值函数见表 4-2-3。

表 4-2-3　OpenCV 常用插值函数

方法	函数	说明
等比例缩放	cv2.resize（img,（new_width，new_height））	将图像按照指定的宽度和高度进行等比例缩放
指定缩放因子	cv2.resize（img，None，fx=scale_factor，fy=scale_factor）	按照指定的缩放因子对图像进行缩放
最邻近插值	cv2.resize（img,（new_width，new_height），interpolation=cv2.INTER_NEAREST）	使用最邻近插值对图像进行缩放
双线性插值	cv2.resize（img,（new_width，new_height），interpolation=cv2.INTER_LINEAR）	使用双线性插值对图像进行缩放
像素区域重采样	cv2.resize（img,（new_width，new_height），interpolation=cv2.INTER_AREA）	使用像素区域重采样对图像进行缩放
Lanczos 插值	cv2.resize（img,（new_width，new_height），interpolation=cv2.INTER_LANCZOS4）	使用 Lanczos 插值对图像进行缩放

2. 色彩空间转换

色彩空间转换可以使用 cv2.cvtColor（）函数来实现。它接收两个参数：源图像和转换类型。常见的转换类型有 cv2.COLOR_BGR2GRAY、cv2.COLOR_BGR2HSV、cv2.COLOR_BGR2LAB 等，如图 4-2-6 所示。

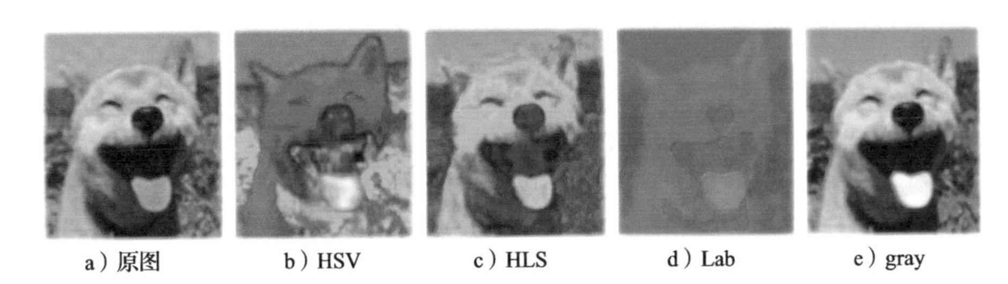

a）原图　b）HSV　c）HLS　d）Lab　e）gray

图 4-2-6　通过 OpenCV 将原图转换为 HSV、HLS、Lab、gray 格式

任务分组

学生任务分配表

班级		组号		指导老师	
组长		学号			
组员角色分配					
信息员		学号			
操作员		学号			
记录员		学号			
安全员		学号			

（续）

任务分工
（就组织讨论、工具准备、数据采集、数据记录、安全监督、成果展示等工作内容进行任务分工）

工作计划

按照前面所了解的知识内容和小组内部讨论的结果，制定工作方案，落实各项工作负责人，如任务实施前的准备工作、实施中主要操作及协助支持工作、实施过程中相关要点及数据的记录工作等。

工作计划表

步骤	工作内容	负责人
1		
2		
3		
4		
5		

进行决策

1）各组派代表阐述资料查询结果。

2）各组就各自的查询结果进行交流，并分享技巧。

3）教师结合各组完成的情况进行点评，选出最佳方案。

任务实施

基于 OpenCV 工具进行视频图像捕获

扫描右侧二维码，了解使用 OpenCV 工具进行视频图像捕获的流程。

参考操作视频，按照规范作业要求基于 OpenCV 工具进行视频图像捕获的实训，并填写工单。

基于 OpenCV 工具进行视频图像捕获实训工单		
步骤	记录	完成情况
1	启动计算机设备，打开 Jupyter Notebook 编译环境	已完成□　未完成□
2	通过 USB 线束连接摄像头和计算机	已完成□　未完成□
3	导入 OpenCV	已完成□　未完成□
4	读取 USB 摄像头	已完成□　未完成□
5	设置图像分辨率	已完成□　未完成□
6	输入命令获取视频帧	已完成□　未完成□
7	输入命令显示图像	已完成□　未完成□
8	输入命令结束显示	已完成□　未完成□
9	输入命令结束视频图像捕获	已完成□　未完成□
10	输入命令达到视频捕获帧转化灰度图像	已完成□　未完成□
11	输入命令达到视频捕获帧缩放大小	已完成□　未完成□

评价反馈

1）各组代表展示汇报 PPT，介绍任务的完成过程。

2）以小组为单位，对各组的操作过程与操作结果进行自评和互评，并将结果填入综合评价表中的小组评价部分。

3）教师对学生工作过程与工作结果进行评价，并将评价结果填入综合评价表中的教师评价部分。

综合评价表

班级		组别		姓名		学号	
实训任务							
评价项目		评价标准				分值	得分
小组评价	计划决策	制定的工作方案合理可行，小组成员分工明确				10	
	任务实施	能够正确检查并设置实训环境				10	
		完成图像数据预处理的实训				30	
		能够规范填写任务工单				20	
	任务达成	能按照工作方案操作，按计划完成工作任务				10	
	工作态度	认真严谨，积极主动，安全生产，文明施工				10	
	团队合作	小组组员积极配合、主动交流、协调工作				5	
	6S 管理	完成竣工检验、现场恢复				5	
	小计					100	

（续）

评价项目		评价标准	分值	得分
教师评价	实训纪律	不出现无故迟到、早退、旷课现象，不违反课堂纪律	10	
	方案实施	严格按照工作方案完成任务实施	20	
	团队协作	任务实施过程互相配合，协作度高	20	
	工作质量	能准确完成任务实施的内容	20	
	工作规范	操作规范，三不落地，无意外事故发生	10	
	汇报展示	能准确表达，总结到位，改进措施可行	20	
	小计		100	
综合评分		小组评价分 ×50% + 教师评价分 ×50%		
总结与反思				

（如：学习过程中遇到什么问题→如何解决的 / 解决不了的原因→心得体会）

任务三　利用图像分类技术进行驾驶员状态识别

学习目标

- 了解图像分类技术的定义和应用。
- 了解人类视觉原理与卷积神经网络技术。
- 了解卷积神经网络的基本原理。
- 了解 Keras 深度学习框架。
- 了解驾驶员状态识别技术。
- 了解如何使用 Keras 构建卷积神经网络的模型。
- 会用 Keras 框架实现对驾驶员状态数据进行预处理和特征表示。
- 会用 Keras 框架实现基于卷积神经网络的驾驶员分心检测模型的构建。
- 会用 Keras 框架实现驾驶员状态识别模型的评估，树立勤于动手的职业意识。

知识索引

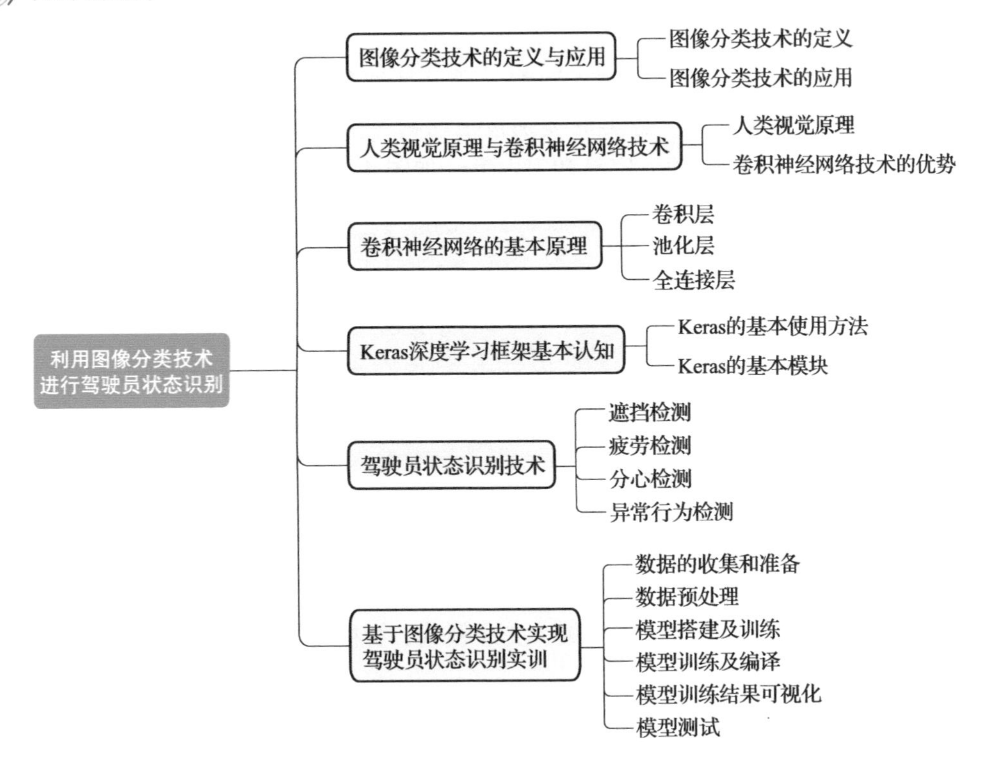

情境导入

项目所需的数据已经准备好了，现智能交互项目需要实现一个驾驶员状态的识别，评估驾驶员的注意力、疲劳程度、情绪状态、饮酒情况等，从而提高驾驶安全性能。你作为公司的计算机视觉算法工程师，主要负责计算机视觉算法开发：设计、实现和优化计算机视觉算法，例如，目标检测、识别、跟踪、立体视觉等。现需要你使用图像分类技术对驾驶员的一个状态进行识别，为该市公交车安全驾驶护航。

获取信息

引导问题 1

查阅相关资料，简述图像分类技术的定义和常见应用。

____

____

____

图像分类技术的定义与应用

（一）图像分类技术的定义

图像分类技术，即给定一幅输入图像，通过某种分类算法来识别图像中的物体，或者将图像分类为某些类别。分类的类别包括动物、植物、自然环境、建筑物、交通工具、食物、人物、娱乐活动、家具和家电等，如图 4-3-1 所示。

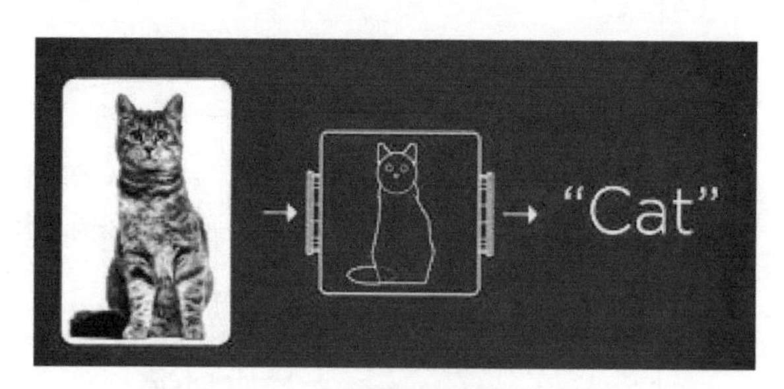

图 4-3-1　识别猫的图片为“Cat”

（二）图像分类技术的应用

图像分类的常见应用包括安防领域、交通领域、智能分拣领域、医学领域。

1. 用于安防领域的人脸识别与视频违规行为分析

检测人脸如图 4-3-2 所示。

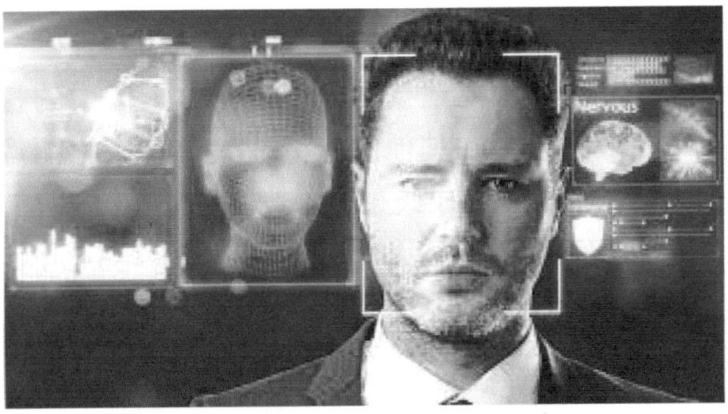

图 4-3-2　检测人脸

2. 交通领域的交通场景识别

交通场景识别是指通过计算机视觉技术，从视频中识别出交通场景，包括车辆、行人、交通标志、交通控制设备等。常见的交通场景识别技术包括车辆检测、行人检测、交通标志检测、交通控制设备检测等，如图 4-3-3 所示。

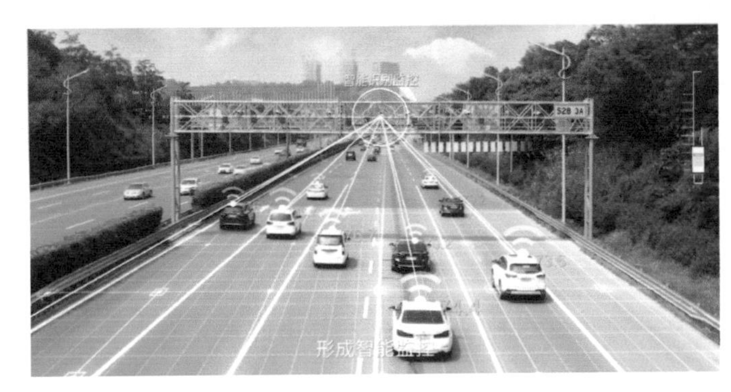

图 4-3-3　交通场景识别

3. 智能分拣领域应用

在智能分拣领域，图像分类技术应用广泛。例如，智能水果机通过对水果图像的识别，分析水果的大小、形状、果皮颜色、口感等要素，实现水果种类的识别，如图 4-3-4 所示。

苹果/梨/橙子等智能分拣机

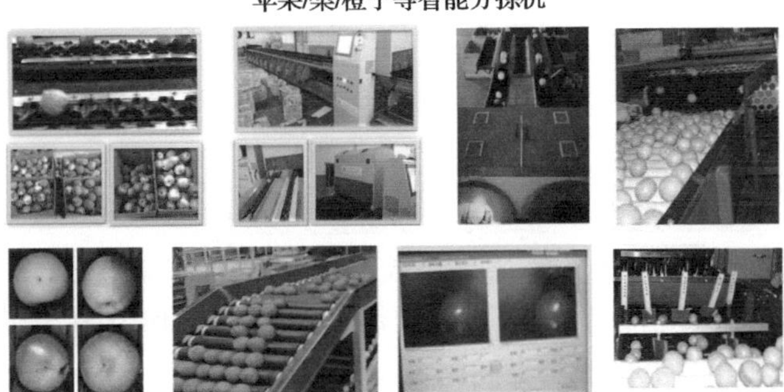

图 4-3-4　水果分拣机

4. 医学领域的图像识别

医学图像识别是指利用计算机视觉技术来识别医学图像中的特征，以及从图像中提取有用的信息。它可以帮助医生和其他医疗专业人员从医学图像中提取信息，以便更准确、更快速地诊断病情，提高治疗效果。医学图像识别可以应用于多种医学图像，例如，X 射线图像、磁共振图像、核磁共振图像等，如图 4-3-5 所示。

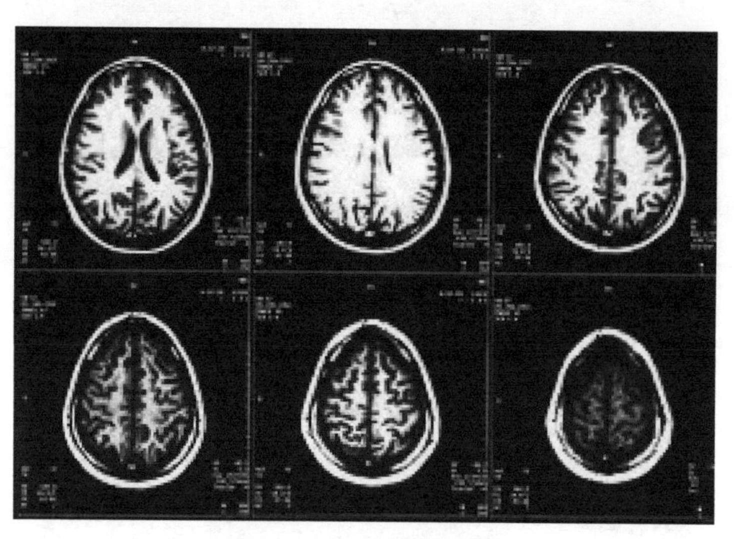

图 4-3-5　医学图像检测

引导问题 2

查阅相关资料，简述卷积神经网络技术解决的计算机视觉技术难点。

____

____

____

人类视觉原理与卷积神经网络技术

目前，产业中主要使用卷积神经网络技术进行图像处理。卷积神经网络的灵感来源于生物神经系统中神经元的结构和功能。研究人员发现，在视觉系统中，神经元会对输入的图像信号进行局部过滤，提取有用的特征。这种过滤的过程就是卷积神经网络的基础。

（一）人类视觉原理

人类的视觉原理如下：从原始信号摄入开始（瞳孔摄入像素），接着做初步处理（大脑皮层某些细胞发现边缘和方向），然后抽象（大脑判定眼前物体的形状是圆形的），最后进一步抽象（大脑进一步判定该物体是只气球）。对于不同的物体，人类视觉就是通过这样逐层分级，来进行认知的，如图 4-3-6 所示。

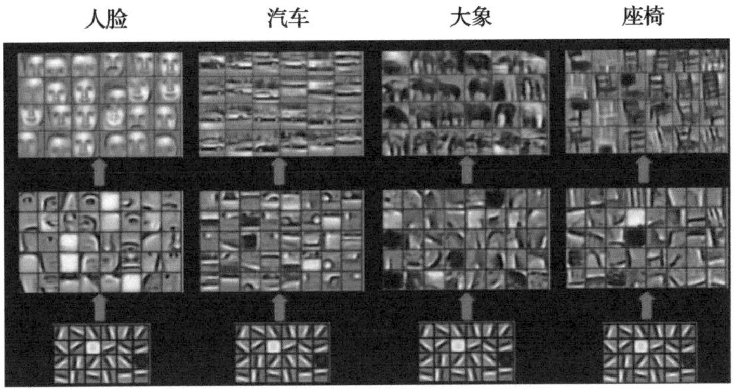

人脸　汽车　大象　座椅

图 4-3-6　人类视觉提取图像特征步骤

由图 4-3-6 可知，在最底层特征基本上是类似的，即各种边缘。由底层越往上，所提取的特征越接近所识别物体。倒数第二层能提取物体的轮子、眼睛、躯干等特征。在最上层，不同的高级特征最终组合成相应的图像。

人类视觉即通过该流程实现对不同物体的区分。因此，可以模仿人类大脑的这个特点，构造多层的神经网络，较低的层识别初级的图像特征，若干底层特征组成更上一层特征，通过多个层级的组合，最终在顶层做出分类。这便是深度学习算法卷积神经网络（CNN）的灵感来源。

（二）卷积神经网络技术的优势

在 CNN 出现之前，图像对于人工智能来说是一个难题，有两个原因。

1）图像需要处理的数据量太大，导致成本很高，效率很低。

2）图像在数字化的过程中很难保留原有的特征，导致图像处理的准确率不高。

展开来说，图像是由像素构成的，每个像素又是由颜色构成的，图像、像素和颜色的关系如图 4-3-7 所示。

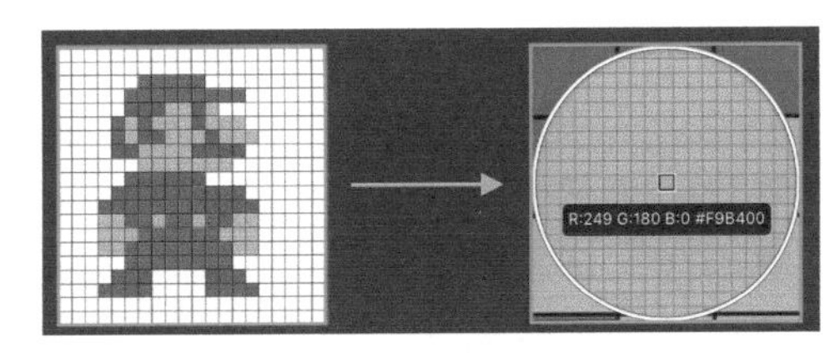

图 4-3-7　图像、像素和颜色的关系

每个像素都用 RGB 三个参数来表示颜色信息。假如处理一张 1000×1000 像素的图片，就需要处理 3000 万个参数！这么大量的数据处理起来是非常消耗资源的，导致图像处理的成本高、效率低。

卷积神经网络（CNN）解决的第一个问题就是将复杂问题简化，把大量参数降维成少量参数，再做处理。在大部分场景下，降维不会影响结果。例如，1000 像素的图片缩小成 200 像素，并不影响肉眼认出来图片中是一只猫还是一只狗，机器也是如此。

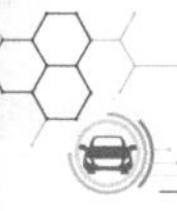

职业认证

人工智能深度学习工程应用职业技能等级证书（初级）中的基于深度学习模型定制平台的模型训练就涉及基于图像分类场景创建深度学习模型，及基于图像数据集进行模型训练，通过人工智能深度学习工程应用职业技能等级要求（初级）考核，可获得教育部1+X证书中的《人工智能深度学习工程应用职业技能等级证书（初级）》。

引导问题 3

查阅相关资料，简述卷积神经网络的基本原理。

____

____

____

卷积神经网络的基本原理

卷积神经网络是由卷积层、池化层、全连接层等组成的神经网络。卷积层负责提取图像中的局部特征；池化层用来降维，大幅降低参数量级；全连接层类似传统神经网络的部分，用来输出想要的结果，如图 4-3-8 所示。

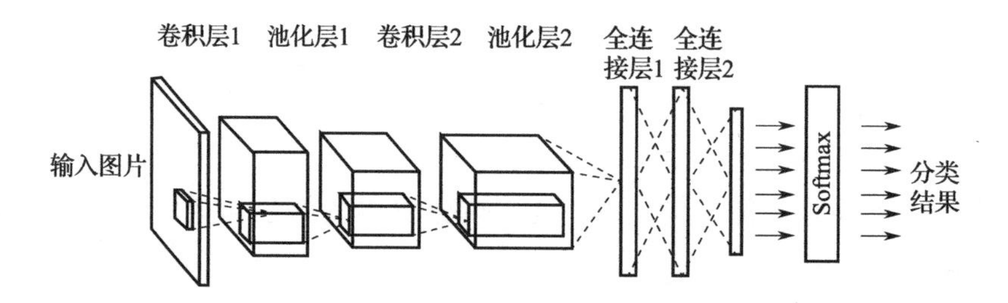

图 4-3-8　卷积神经网络工作流程

（一）卷积层

卷积核是卷积神经网络中的一种参数，可以在训练过程中进行学习和更新。它通常是一个二维矩阵，用于对输入图像进行卷积操作，从而提取图像中的特征。在卷积神经网络中，卷积层通过应用多个卷积核来提取不同的特征。

在卷积操作中，卷积核在输入图像上滑动，对图像的每个局部区域进行加权累加，从而得到对应位置的特征图。卷积核中的参数矩阵可以学习到输入图像中的特征，如边缘、纹理、颜色等，不同的卷积核可以提取不同的特征。

卷积核的大小通常是正方形或矩形，通常为 3×3、5×5、7×7 等大小，较小的卷积核可以提取图像的细节特征，较大的卷积核可以提取更大的图像特征。

使用一个卷积核对原始图像进行扫描，将卷积核所带数值和被扫描到的区域的数值进行点乘，所得到的值即为卷积操作后的值，依次对原始图像的所有区域进行扫描即完成了原始图像的卷积操作，如图 4-3-9 所示。

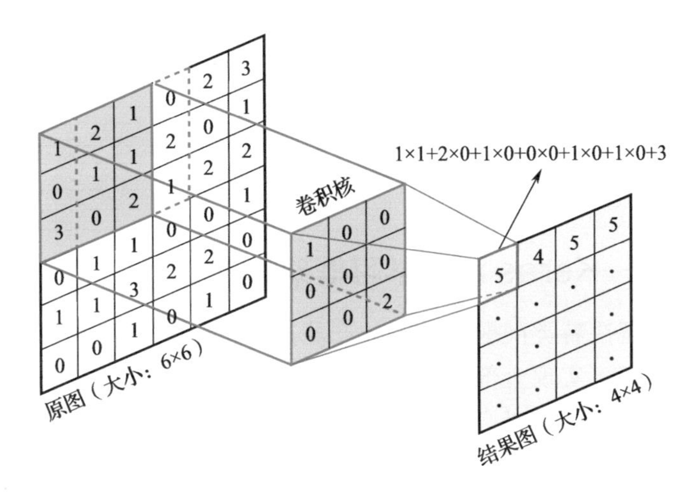

图 4-3-9　卷积神经网络对图像进行卷积操作

（二）池化层

池化操作是指将原始数据的维度降低。例如，2×2 最大值池化的意思是：在原始数据中的每一个 2×2 框里面取其中的最大值，移动 2×2 方框，遍历原始数据，取尽所有 2×2 方框里面的最大值，得到最后的矩阵即完成 2×2 最大值池化。此外还有平均值池化，最小值池化等，原理也是类似的，如图 4-3-10 所示。

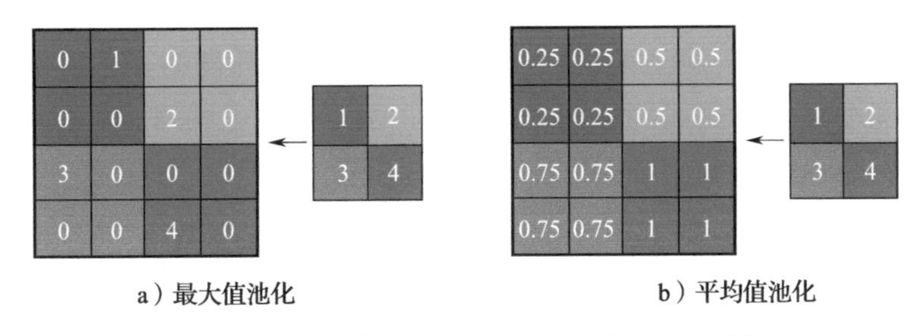

图 4-3-10　卷积神经网络对图像进行池化操作

（三）全连接层

原始图像经过卷积核池化操作之后，会得到一个最后的 $N\times M$ 矩阵，将这个矩阵拉平变成一列数字，然后将该列数字输入到全连接层。全连接层类似于传统的神经网络，第一层为输入层，中间有若干个隐藏层，最后一个是输出层。输入层与隐藏层，或隐藏层之间的运算为 $Z=WX+b$ 的线性运算（W 表示权重向量，b 表示偏置向量），隐藏层与输出层之间的运算为 $A=f(Z)$，f 为激活函数，如图 4-3-11 所示。

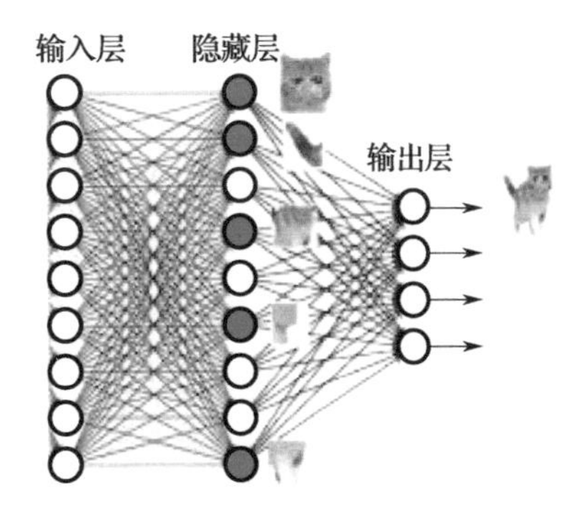

图 4-3-11　卷积神经网络的全连接层

引导问题 4

查阅相关资料，简述 Keras 深度学习框架的基本用法和基本功能。

____

____

____

Keras 深度学习框架基本认知

Python 框架是为解决特类问题而开发的产品。Python 框架用户一般只需要使用框架提供的类或函数，即可实现全部功能。Python 框架提供一整套的服务，调用框架的时候，读取的是整个框架，所以必须使用该框架的全部代码，且必须按照框架设定好的使用规则来使用。在使用深度学习框架时，通常需要使用一些深度学习库来提供额外的功能。因此，深度学习框架和库通常是一起使用的。

Keras 是一个高层次的深度学习框架，它可以用于搭建和训练各种神经网络模型。

（一）Keras 的基本使用方法

Keras 提供了多种 API 来构建神经网络模型。其中两种常用的 API 是 Keras 的 Sequential API 和 Functional API。tf.keras.models.Sequential（）是 Tensorflow Keras 中用于构建序列模型的类。序列模型是一种简单的线性堆叠模型，由多个神经网络层按顺序排列组成。每一层接收上一层的输出作为输入，并将其输出作为下一层的输入。

Sequential 类提供了一种方便的方式来构建和训练序列模型。使用 Sequential 类，用户可以轻松地创建各种神经网络架构，例如，全连接神经网络、卷积神经网络、递归神经网络等。Keras Sequential API 的操作流程见表 4-3-1。

表 4-3-1　Keras Sequential API 的操作流程

操作	代码示例
导入 Keras 框架	from keras.models import Sequential
创建一个序列模型	model = Sequential（）
添加卷积层	model.add（Conv2D（filters，kernel_size，activation，input_shape））
添加池化层	model.add（MaxPooling2D（pool_size））
添加全连接层	model.add（Dense（units，activation））
编译模型	model.compile（loss，optimizer，metrics）
训练模型	model.fit（x_train，y_train，epochs，batch_size）
预测结果	model.predict（x_test）

（二）Keras 的基本模块

Keras 的基本模块涵盖神经网络层模块、模型评估模块、数据预处理模块、损失函数模块和优化器模块、回调函数模块、模型保存与加载模块等，详见表 4-3-2。

表 4-3-2 Keras 基本模块

模块名称	对应导入库	描述
神经网络层模块	keras.layers	用于定义网络层的类和函数，如全连接层、卷积层、池化层、循环神经网络层等
模型模块	keras.models	用于定义和训练神经网络模型的类和函数
优化器模块	keras.optimizers	用于配置模型的优化器，如随机梯度下降法、Adam 优化器等
损失函数模块	keras.losses	用于配置模型的损失函数，如均方误差、交叉熵等
模型评估模块	keras.metrics	用于配置模型的评估指标，如准确率、精度、召回率等
回调函数模块	keras.callbacks	用于在训练过程中监控和调整模型，如 EarlyStopping、ReduceLROnPlateau 等
内置数据集模块	keras.datasets	提供一些常见的数据集，如 MNIST、CIFAR 等
数据预处理模块	keras.preprocessing	提供一些数据预处理工具，如图像处理、文本处理等
模型保存与加载模块	keras.utils	提供一些常用的实用工具，如数据格式转换、模型保存等

引导问题 5

查阅相关资料，简述驾驶员状态识别系统的主要功能。

____

____

____

驾驶员状态识别技术

驾驶员状态识别系统（Driver Monitor System，DMS）的主要功能是检测驾驶员在行车过程中的状态。DMS 包括 faceID（面部识别）、疲劳检测、分心检测、表情识别、手势识别、危险动作识别、视线追踪等。

（一）遮挡检测

当驾驶员在自己的脸前方或是摄像头前放置了遮挡物时，DMS 摄像头的人脸识别功能会受到影响。此时 DMS 会提示驾驶员“DMS 的功能无法正常执行，请移除遮挡摄像头的物件”。驾驶员将遮挡物移除即可解除相关的提示。

此外，遮挡检测功能还会将遮挡情况分为“人脸遮挡”与“摄像头遮挡”两种情况，并根据检测情况的不同，对应进行不同位置的检查。

（二）疲劳检测

DMS 摄像头能够检测驾驶员的疲劳程度，通过语音和仪表提示驾驶员。它还可以区分轻度、中度和重度疲劳，并根据情况提供相应的提示和辅助措施，例如，开启驾驶辅助功能或开启空调进行降温，如图 4-3-12 所示。

图 4-3-12　驾驶员疲劳检测

（三）分心检测

DMS 摄像头可通过评估驾驶员头部和眼球的整体角度和时间来判断其是否分心。而观察后视镜和车载主机因时间较短则不会触发分心检测。在需要使用车身摄像头的情况下，该功能会暂时关闭以避免误判，如图 4-3-13 所示。

（四）异常行为检测

DMS 摄像头能够检测驾驶员手中的物品及其位置，判断是否存在吸烟、打电话等不当行为，如图 4-3-14 所示。系统会通过语音和弹窗提示驾驶员，以纠正其不当驾驶行为。同时，若驾驶员触发抽烟行为检测，系统会建议开启车窗和空调以净化车内空气。

图 4-3-13　驾驶员分心检测

图 4-3-14　驾驶员异常行为检测，检测到接听电话的行为

引导问题 6

查阅相关资料，简述基于图像分类技术实现驾驶员状态识别的案例思路。

____

____

____

基于图像分类技术实现驾驶员状态识别实训

（一）数据的收集和准备

1）需要收集大量的驾驶数据，包括驾驶员情况。

2）选用 State Farm Distracted Driver Detection 数据集下载导入。

（二）数据预处理

1）通过使用 Keras 中的 ImageDataGenerator 方法进行图像数据的生成和增强，ImageDataGenerator 的基本使用流程见表 4-3-3。

2）在 Keras 中使用 .flow_from_directory 方法从文件夹中读取图像数据并生成批量数据（batch），主要用于训练神经网络时的数据输入。

表 4-3-3　ImageDataGenerator 的基本使用流程

步骤	描述
1	定义 ImageDataGenerator 对象
2	使用 .flow_from_directory（ ）方法指定训练 / 验证 / 测试数据集的路径
3	设置 ImageDataGenerator 对象的参数
4	调用 .fit（ ）方法对 ImageDataGenerator 对象进行拟合
5	调用 .fit_generator（ ）方法训练模型
6	在调用 .fit_generator（ ）方法时，设置 steps_per_epoch 和 validation_steps 参数，以指定训练和验证数据集的批次数量
7	在使用 .predict（ ）或 .evaluate（ ）方法时，设置 steps 参数，以指定测试数据集的批次数量

（三）模型搭建及训练

使用 ResNet50 卷积神经网络进行模型搭建及训练，其使用流程见表 4-3-4。

表 4-3-4　ResNet50 卷积神经网络使用流程

步骤	描述	代码示例
1	导入 ResNet50 模型	from tensorflow.keras.applications.resnet50 import ResNet50
2	实例化模型并下载预训练权重	model = ResNet50（weights='imagenet'）
3	创建 Sequential 会话	r50_finetune = tf.keras.models.Sequential（ ）
4	在会话中添加 ResNet50 模型	r50_finetune.add（model）
5	针对特定任务添加输出层	r50_finetune.add（tf.keras.layers.Dense（num_classes, activation = 'sigmoid'））

（四）模型训练及编译

1）对搭建好的模型进行训练，需要设置好训练参数，使用训练好的模型，对测试集中的场景图像进行分析，识别出驾驶员的行为状态。

2）在 Keras 中使用 model.compile 对模型进行编译，见表 4-3-5。

表 4-3-5　Keras 中 model.compile 方法的参数解释

参数	描述
loss	指定模型评估过程中使用的损失函数
optimizer	指定模型优化器
metrics	指定评估模型的指标，如准确率、精确度等
sample_weight_mode	指定模型训练时如何处理样本权重
weighted_metrics	指定模型训练时如何处理样本权重的指标，如准确率、精确度等
target_tensors	指定模型训练时使用的目标张量

（五）模型训练结果可视化

1）使用 keras.model.fit.history 方法记录训练精度和损失值。

2）使用 matplotlib.plot 方法绘制精度曲线。

（六）模型测试

1）在 Keras 中使用 model.predict 方法对测试数据进行预测。

2）ImageDataGenerator 是 Keras 的 preprocessing.image 模块中的一个类，用于图像数据的生成和增强。

任务分组

学生任务分配表

班级		组号		指导老师	
组长		学号			
组员角色分配					
信息员		学号			
操作员		学号			
记录员		学号			
安全员		学号			
任务分工					

（就组织讨论、工具准备、数据采集、数据记录、安全监督、成果展示等工作内容进行任务分工）

工作计划

按照前面所了解的知识内容和小组内部讨论的结果，制定工作方案，落实各项工作负责人，如任务实施前的准备工作、实施中主要操作及协助支持工作、实施过程中相关要点及数据的记录工作等。

工作计划表

步骤	工作内容	负责人
1		
2		
3		
4		
5		

进行决策

1）各组派代表阐述资料查询结果。

2）各组就各自的查询结果进行交流，并分享技巧。

3）教师结合各组完成的情况进行点评，选出最佳方案。

任务实施

扫描右侧二维码，了解使用图像分类技术进行驾驶员状态识别的流程。

参考操作视频，按照规范作业要求完成利用图像分类技术进行驾驶员状态识别的实训，并记录工单。

利用图像分类技术进行驾驶员状态识别

<table>
<tr><th colspan="3">利用图像分类技术进行驾驶员状态识别实训工单</th></tr>
<tr><th>步骤</th><th>记录</th><th>完成情况</th></tr>
<tr><td>1</td><td>启动计算机设备，打开 Jupyter Notebook 编译环境</td><td>已完成□　未完成□</td></tr>
<tr><td>2</td><td>导入相关库</td><td>已完成□　未完成□</td></tr>
<tr><td>3</td><td>导入数据并检索数据量</td><td>已完成□　未完成□</td></tr>
<tr><td rowspan="3">4</td><td>进行数据增强</td><td rowspan="3">已完成□　未完成□</td></tr>
<tr><td>训练数据增强</td></tr>
<tr><td>测试数据增强</td></tr>
<tr><td rowspan="4">5</td><td>模型构建及编译</td><td rowspan="4">已完成□　未完成□</td></tr>
<tr><td>输入命令导入序列会话</td></tr>
<tr><td>输入命令导入 ResNet50 模型</td></tr>
<tr><td>输入命令导入初始化权重</td></tr>
</table>

（续）

步骤	记录	完成情况
5	输入命令将设置权重后的 ResNet50 模型添加到序列会话中	已完成□ 未完成□
	输入命令将序列会话添加到输出层	
	输入命令对模型进行编译	
6	保存模型	已完成□ 未完成□
7	获取精度和损失值，并绘制精度曲线和损失曲线	已完成□ 未完成□
8	**模型预测**	已完成□ 未完成□
	输入命令导入预训练模型	
	输入命令导入测试数据	
	输入命令对测试数据进行预测，结果显示驾驶员的状态	

评价反馈

1）各组代表展示汇报 PPT，介绍任务的完成过程。

2）以小组为单位，对各组的操作过程与操作结果进行自评和互评，并将结果填入综合评价表中的小组评价部分。

3）教师对学生工作过程与工作结果进行评价，并将评价结果填入综合评价表中的教师评价部分。

综合评价表

班级		组别	姓名		学号	
实训任务						
评价项目		评价标准			分值	得分
小组评价	计划决策	制定的工作方案合理可行，小组成员分工明确			10	
	任务实施	能够正确检查并设置实训工位			10	
		能准确完成任务实施的内容			40	
		能够规范填写任务工单			10	
	任务达成	能按照工作方案操作，按计划完成工作任务			10	
	工作态度	认真严谨，积极主动，安全生产，文明施工			10	
	团队合作	小组组员积极配合、主动交流、协调工作			5	
	6S 管理	完成竣工检验、现场恢复			5	
	小计				100	

（续）

评价项目		评价标准	分值	得分
教师评价	实训纪律	不出现无故迟到、早退、旷课现象，不违反课堂纪律	10	
	方案实施	严格按照工作方案完成任务实施	20	
	团队协作	任务实施过程互相配合，协作度高	20	
	工作质量	能准确完成任务实施的内容	20	
	工作规范	操作规范，三不落地，无意外事故发生	10	
	汇报展示	能准确表达，总结到位，改进措施可行	20	
	小计		100	
综合评分		小组评价分 ×50% +教师评价分 ×50%		

总结与反思
（如：学习过程中遇到什么问题→如何解决的 / 解决不了的原因→心得体会）

任务四　利用 OpenVINO 进行驾驶员动作识别

学习目标

- 了解边缘人工智能技术。
- 了解 OpenVINO 在边缘人工智能中的应用。
- 了解 OpenVINO 的组成部分和部署流程。
- 了解自动驾驶中的驾驶员手势识别技术。
- 能够使用 Keras 框架实现对驾驶员手势数据进行预处理和特征表示。
- 能够使用 Keras 实现基于卷积神经网络的驾驶员手势检测模型的构建。
- 能够使用 OpenVINO 实现驾驶员手势识别模型的部署，合作中树立团队协作的职业态度。

知识索引

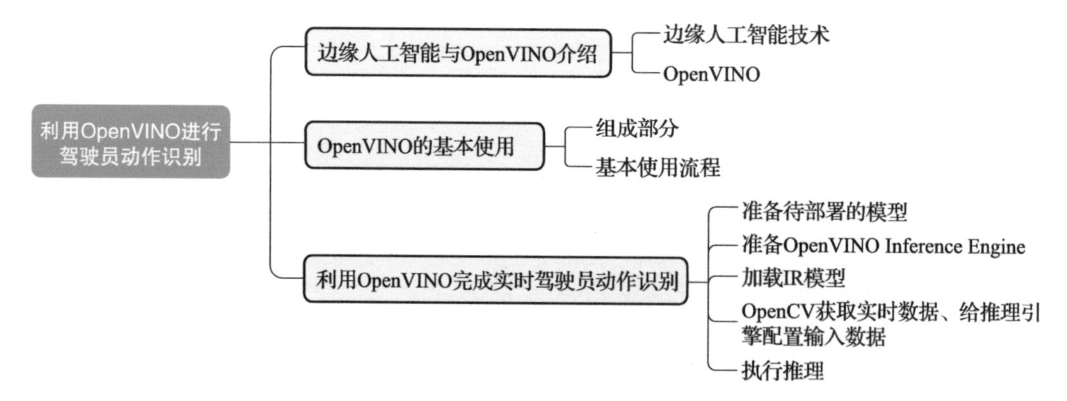

情境导入

该智能交互方案还需要为公交车驾驶员提供便利性和提高驾驶效率，使驾驶员可以通过手势来操作汽车，无需使用物理按键，方便快捷。你作为公司的计算机视觉部署工程师，主要职责是将计算机视觉算法转换为可执行的程序，并部署到实际应用场景中。现需要你开发驾驶员动作识别的模型，并使用 OpenVINO 进行实时的部署。

获取信息

引导问题 1

查阅相关资料，简述 OpenVINO 在人工智能中的作用。

____

____

____

边缘人工智能与 OpenVINO 介绍

（一）边缘人工智能技术

边缘人工智能是一种新兴的技术，它将人工智能技术应用于边缘设备，以提高设备的性能和可靠性。它可以帮助设备更快地处理数据，并且可以在边缘设备上实现更多的功能，从而提高设备的效率。典型例子有自动驾驶、智能家居、智能安防、智能物联网、智能机器人、智能语音识别等，如图 4-4-1 所示。

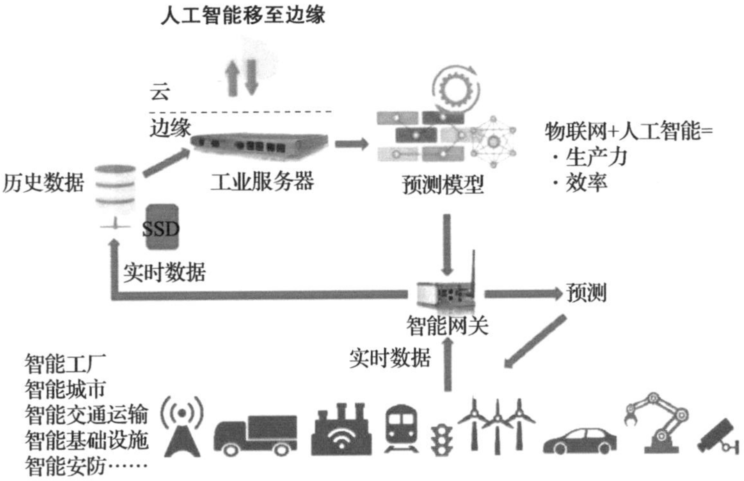

图 4-4-1　边缘人工智能的流程及其应用

边缘人工智能的工具包括 OpenVINO、TensorFlow Lite、Amazon SageMaker Neo、Microsoft Azure Machine Learning、Google Cloud ML Engine、IBM Watson Machine Learning 等。

（二）OpenVINO

OpenVINO 是当前常用的边缘人工智能工具，是由英特尔公司推出的开放式视觉和神经网络优化工具包，支持多个框架，如 Caffe、TensorFlow、MXNet 和 ONNX，用于提高计算机视觉应用程序的性能。

OpenVINO 工具套件包含了一系列的软件组件，可以帮助开发者构建、部署和优化视觉应用程序，包括深度学习推理引擎、计算机视觉库、视觉优化器、模型优化器和模型优化工具等。OpenVINO 的主要组成部分见表 4-4-1。

表 4-4-1　OpenVINO 的主要组成部分

组成部分	描述
Model Optimizer	用于将深度学习模型转换为中间表示文件格式，以便将其加载到 Inference Engine 中进行推理
Inference Engine	用于推断深度学习模型的库，支持多种硬件平台（如 CPU、GPU、FPGA、VPU 等）
Model Zoo	包含已经优化和预先训练好的深度学习模型，可以直接使用
Intermediate Representation（IR）	中间表示文件格式，是一个针对特定硬件的优化版本的模型
Deep Learning Workbench	用于可视化、调试和优化深度学习模型的 Web 界面

引导问题 2

查阅相关资料，简述 OpenVINO 的使用方法。

____

____

____

OpenVINO 的基本使用

OpenVINO 的深度学习部署工具主要包括两部分，一个是模型优化器，另一个是推理引擎。

（一）组成部分

1. 模型优化器

工作原理：对训练产生的网络模型进行优化，将优化结果转换成中间表示（IR）文件（xml 文件和 bin 文件）。其中 xml 文件包含优化后的网络拓扑结构，bin 文件包含优化后的模型参数和模型变量。

在实际应用场景中使用推理引擎测试生成的 IR，然后在应用程序中调用推理引擎相应接口，将生成的模型 IR 部署到实际环境中。

2. 推理引擎

OpenVINO 推理引擎是一个核心组件，主要用于模型推理的加速和优化。它能够通过 CPU、GPU、VPU 等不同的硬件平台实现高效的模型推理，支持常见的深度学习框架（如 TensorFlow、Caffe、MXNet 等）以及 OpenCV 等计算机视觉库的模型。

（二）基本使用流程

基本使用流程如图 4-4-2 所示。

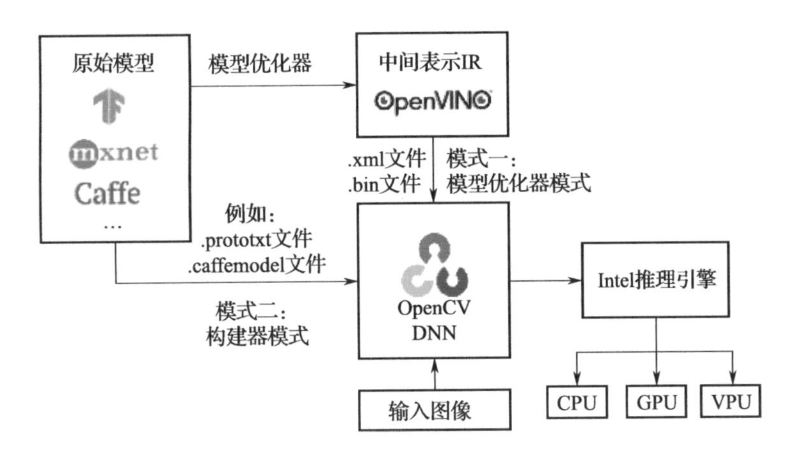

图 4-4-2 OpenVINO 转换深度学习预训练模型流程

1. 准备待部署的模型

将训练好的模型通过 OpenVINO Model Optimizer 进行转换，生成 IR 格式的模型文件。

2. 准备 OpenVINO Inference Engine

使用 OpenVINO 的安装程序安装 Inference Engine。

3. 加载 IR 模型

使用 Inference Engine 的 API 加载 IR 格式的模型文件。

4. 配置输入数据

根据模型的输入要求，配置输入数据的格式和大小。

5. 执行推理

使用 Inference Engine 的 API 执行推理操作，得到模型的输出结果。

6. 处理输出结果

根据模型的输出要求，处理和解析输出结果。

7. 可选优化

根据实际应用场景，进行性能和精度优化，如使用异步推理、批处理等。

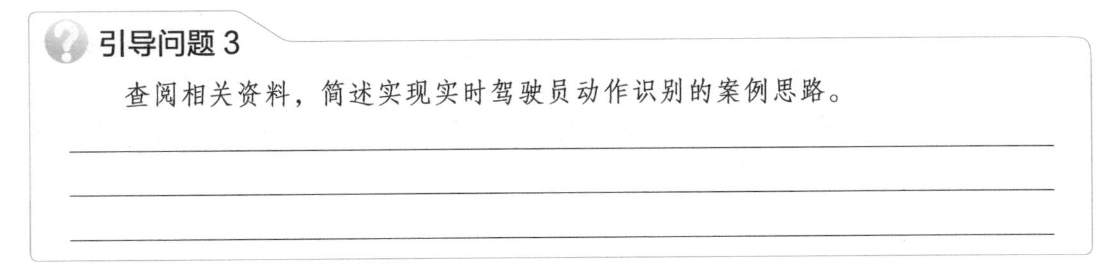

引导问题 3

查阅相关资料，简述实现实时驾驶员动作识别的案例思路。

利用 OpenVINO 完成实时驾驶员动作识别

驾驶员动作识别是一种基于计算机视觉技术和机器学习算法在实际行驶中的应用，旨在通过识别驾驶员的手势动作，提高汽车的驾驶安全性和便捷性。一些常见的手势动作包括调整音量、切换歌曲、接听电话、拒接电话、切换导航、控制空调等，如图 4-4-3 所示。

图 4-4-3　驾驶员使用手势进行人车交互

在实时部署计算机视觉应用时，可以结合使用 OpenCV 和 OpenVINO。例如，可以使用 OpenCV 进行图像和视频的处理和分析，然后使用 OpenVINO 来部署深度学习模型进行实时推理。这种结合可以实现计算机视觉应用的高效、准确和实时性能。

（一）准备待部署的模型

OpenVINO 中的 Model Optimizer 可以读取 Keras 模型文件，解析模型架构和权重，并将其转换为 OpenVINO 中间表示文件（Intermediate Representation，IR）格式。

在计算机终端运行 mo --saved_model_dir <SAVED_MODEL_DIRECTORY>，将训练好的 Keras 模型转换为中间文件。

（二）准备 OpenVINO Inference Engine

初始化 OpenVINO 的推理引擎：ie = Core（ ）。

Core（ ）是 OpenVINO Inference Engine 模块中的一个类，它提供了许多方法和属性，用于在不同的硬件上加载和运行深度学习模型。通过将其实例化为 IE 对象，可以使用 IE 模块中的所有功能来执行各种不同的深度学习任务，如模型推理和模型优化等。

（三）加载 IR 模型

加载 IR 模型：model = ie.read_model（model_path）。

OpenVINO Inference Engine（IE）中的方法 read_model（ ），其目的是从指定的 model_path 文件路径读取和解析神经网络模型，并将其加载到内存中。

（四）OpenCV 获取实时数据、给推理引擎配置输入数据

1. OpenCV 获取实时数据

在 OpenCV 中使用 cv2.VideoCapture 获取实时数据，cv2.VideoCapture 是 OpenCV 库中用于从视频文件或摄像头中读取帧的类。它是一种用于处理视频的工具，可以打开一个视频文件、捕捉计算机上连接的摄像头、读取视频文件的帧等。数据采集设备选用英特尔实感（real sense）摄像头。

2. 给推理引擎配置输入数据

在深度学习中，通常使用 PyTorch 或 TensorFlow 等深度学习框架来处理和操作张量。

PyTorch 是由 Facebook 开发的机器学习框架，可以实现动态图和静态图两种模式的神经网络构建和训练，同时也支持多种深度学习模型的预训练和微调。

在 PyTorch 中，可以使用 torch.Tensor（）函数将数据转换为张量。该函数可以接收多种数据类型，如 Python 列表、Numpy 数组等，返回一个对应的张量对象。

（五）执行推理

在 OpenVINO 中，compile_model 是用于将模型转换为可执行网络的函数。它接收一个表示模型的 IR 文件，将其转换为可用于推理的可执行网络。

1）转换成可执行网络的函数：compiled_model = ie.compile_model（model = model，device_name = device_name）。

2）通过 OpenVINO 推理引擎使用 infer_new_request 命令对输入数据进行推理：results = compiled_model.infer_new_request（{0: input}）。

任务分组

学生任务分配表

班级		组号		指导老师	
组长		学号			
组员角色分配					
信息员		学号			
操作员		学号			
记录员		学号			
安全员		学号			
任务分工					
（就组织讨论、工具准备、数据采集、数据记录、安全监督、成果展示等工作内容进行任务分工）					

工作计划

按照前面所了解的知识内容和小组内部讨论的结果，制定工作方案，落实各项工作负责人，如任务实施前的准备工作、实施中主要操作及协助支持工作、实施过程中相关要点及数据的记录工作等。

工作计划表

步骤	工作内容	负责人
1		
2		
3		
4		
5		
6		
7		
8		

进行决策

1）各组派代表阐述资料查询结果。

2）各组就各自的查询结果进行交流，并分享技巧。

3）教师结合各组完成的情况进行点评，选出最佳方案。

任务实施

扫描右侧二维码，了解使用 OpenVINO 工具进行驾驶员动作识别的流程。

参考操作视频，按照规范作业要求完成利用 OpenVINO 工具完成驾驶员手势识别的操作，并记录工单。

利用 OpenVINO 完成驾驶员手势识别模型的搭建和部署

利用 OpenVINO 完成驾驶员手势识别模型的搭建和部署实训工单		
步骤	记录	完成情况
1	启动计算机设备，打开 pycharm 编译环境	已完成□　未完成□
2	导入相关库	已完成□　未完成□
3	导入数据	已完成□　未完成□
4	检索训练数据量	已完成□　未完成□
5	输入命令读取数据并对其进行预处理	已完成□　未完成□
6	输入命令将数据进行转换张量	已完成□　未完成□
7	输入命令将数据进行归一化处理	已完成□　未完成□
8	输入命令进行推理	已完成□　未完成□
9	输入命令对推理结果进行变形并转化为数组	已完成□　未完成□
10	输入命令对数组进行排序	已完成□　未完成□
11	输入命令进行循环检索最高概率数组	已完成□　未完成□
12	运行程序进行动作识别	已完成□　未完成□
13	查看动作判断概率	已完成□　未完成□

评价反馈

1）各组代表展示汇报 PPT，介绍任务的完成过程。

2）以小组为单位，对各组的操作过程与操作结果进行自评和互评，并将结果填入综合评价表中的小组评价部分。

3）教师对学生工作过程与工作结果进行评价，并将评价结果填入综合评价表中的教师评价部分。

综合评价表

<table>
<tr><td>班级</td><td></td><td>组别</td><td></td><td>姓名</td><td></td><td>学号</td><td></td></tr>
<tr><td colspan="2">实训任务</td><td colspan="6"></td></tr>
<tr><td colspan="2">评价项目</td><td colspan="4">评价标准</td><td>分值</td><td>得分</td></tr>
<tr><td rowspan="10">小组评价</td><td>计划决策</td><td colspan="4">制定的工作方案合理可行，小组成员分工明确</td><td>10</td><td></td></tr>
<tr><td rowspan="3">任务实施</td><td colspan="4">能够正确检查并设置实训环境</td><td>10</td><td></td></tr>
<tr><td colspan="4">完成驾驶员手势识别的实训</td><td>30</td><td></td></tr>
<tr><td colspan="4">能够规范填写任务工单</td><td>20</td><td></td></tr>
<tr><td>任务达成</td><td colspan="4">能按照工作方案操作，按计划完成工作任务</td><td>10</td><td></td></tr>
<tr><td>工作态度</td><td colspan="4">认真严谨，积极主动，安全生产，文明施工</td><td>10</td><td></td></tr>
<tr><td>团队合作</td><td colspan="4">小组组员积极配合、主动交流、协调工作</td><td>5</td><td></td></tr>
<tr><td>6S 管理</td><td colspan="4">完成竣工检验、现场恢复</td><td>5</td><td></td></tr>
<tr><td colspan="5">小计</td><td>100</td><td></td></tr>
<tr style="display:none"></tr>
<tr><td rowspan="7">教师评价</td><td>实训纪律</td><td colspan="4">不出现无故迟到、早退、旷课现象，不违反课堂纪律</td><td>10</td><td></td></tr>
<tr><td>方案实施</td><td colspan="4">严格按照工作方案完成任务实施</td><td>20</td><td></td></tr>
<tr><td>团队协作</td><td colspan="4">任务实施过程互相配合，协作度高</td><td>20</td><td></td></tr>
<tr><td>工作质量</td><td colspan="4">能准确完成任务实施的内容</td><td>20</td><td></td></tr>
<tr><td>工作规范</td><td colspan="4">操作规范，三不落地，无意外事故发生</td><td>10</td><td></td></tr>
<tr><td>汇报展示</td><td colspan="4">能准确表达，总结到位，改进措施可行</td><td>20</td><td></td></tr>
<tr><td colspan="5">小计</td><td>100</td><td></td></tr>
<tr><td colspan="2">综合评分</td><td colspan="5">小组评价分 ×50% + 教师评价分 ×50%</td><td></td></tr>
<tr><td colspan="8">总结与反思</td></tr>
<tr><td colspan="8">（如：学习过程中遇到什么问题→如何解决的 / 解决不了的原因→心得体会）</td></tr>
</table>

能力模块五 掌握基于深度学习的自然语言处理技术应用

任务一　调研分析自然语言处理技术

学习目标

- 了解自然语言处理技术的定义。
- 了解深度学习在自然语言处理技术中的应用。
- 了解自然语言处理技术的主要应用。
- 了解自然语言处理技术的流程及其相关 Python 工具。
- 能够列举至少三个自然语言处理技术流程中用到的 Python 工具。
- 能够独立阐述自然语言处理技术的定义。

知识索引

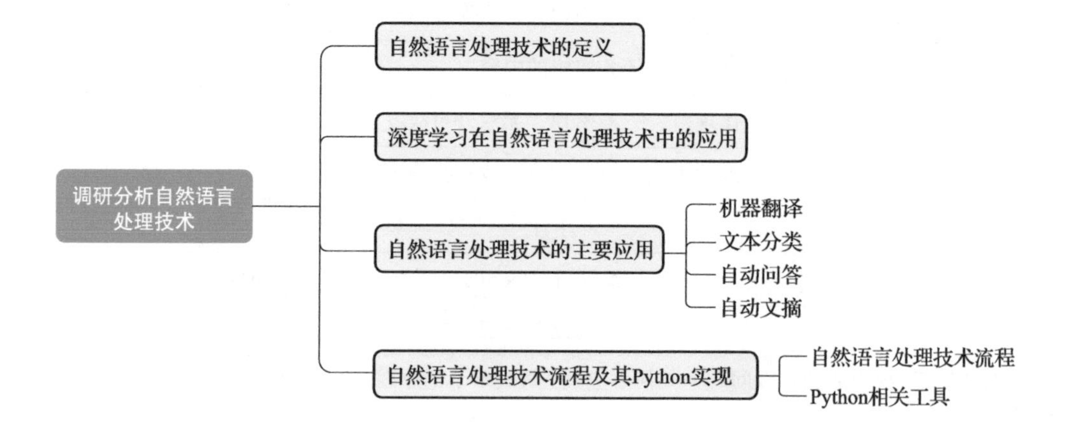

情境导入

随着互联网技术的不断成熟和普及，越来越多的消费者开始通过互联网获取汽车信息、比较汽车价格、进行汽车购买等。汽车门户网站因此应运而生，成为消费者获取汽车信息的主要渠道之一。汽车门户网站的其中一个优势是可以通过情感分析技术，了解用户对汽车品牌、车型、服务等的情感倾向，从而为汽车厂商提供改善建议。

某新创立的汽车门户网站想寻求汽车品牌厂商合作，首先需要获取品牌厂商的信任，让汽车厂商了解门户网站的优势，了解门户网站上口碑分析背后的原理。你作为该汽车门户网站的自然语言处理实习生，需要对网站口碑分析背后的技术原理进行一个调研分析，并告知潜在的汽车合作厂商。

获取信息

引导问题 1

查阅相关资料，简述自然语言处理技术的定义。

____

____

____

自然语言处理技术的定义

语言是人类所特有的一种能力，而实现用自然语言与计算机进行通信，是人们长期以来追求的目标。自然语言处理（Natural Language Processing，NLP）就是实现人机间进行自然语言交流的一项技术。

NLP 将人类交流沟通所用的语言经过处理转化为机器所能理解的机器语言，是一种研究语言能力的模型和算法框架，如图 5-1-1 所示。

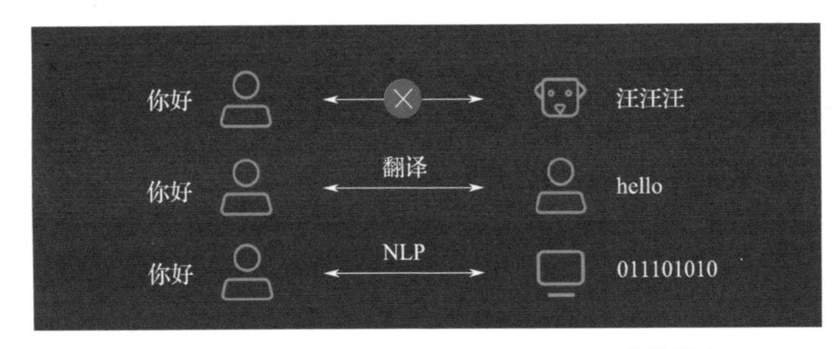

图 5-1-1　自然语言处理——机器翻译人类的语言

引导问题 2

查阅相关资料，简述在自然语言处理技术中应用最广泛的深度学习网络技术。

____

____

____

深度学习在自然语言处理技术中的应用

自然语言是高度抽象的符号化系统，文本间存在数据离散、稀疏，同时还存在一词多义等问题。而深度学习方法具有强大的特征提取和学习能力，可以更好地处理高维度稀疏数据，在 NLP 领域诸多任务中都取得了长足发展。

卷积神经网络（CNN）广泛应用于自然语言处理的文本分类、文本生成、词嵌入、语义分析等任务，而循环神经网络（RNN）广泛应用于自然语言处理的文本分类、语言模型、机器翻译、语音识别和自动问答等任务。

引导问题 3

查阅相关资料，列举三个基于深度学习的自然语言处理的主流任务。

①________________ ②________________ ③________________

自然语言处理技术的主要应用

NLP 领域主要研究任务包括语言建模、机器翻译、问答系统、情感分析、文本分类、阅读理解、中文分词、词性标注及命名实体等。

（一）机器翻译

机器翻译是指利用计算机把一种自然源语言转变为另一种自然目标语言的过程，也称为自动翻译，如图 5-1-2 所示。

图 5-1-2　智能手机中的机器翻译

（二）文本分类

文本分类是指利用计算机将文本集按照一定的分类体系或标准，进行自动分类标记的过程，如图 5-1-3 所示。

（三）自动问答

自动问答是指利用计算机自动回答用户提出的问题，以满足用户的知识需求，如

图 5-1-4 所示。

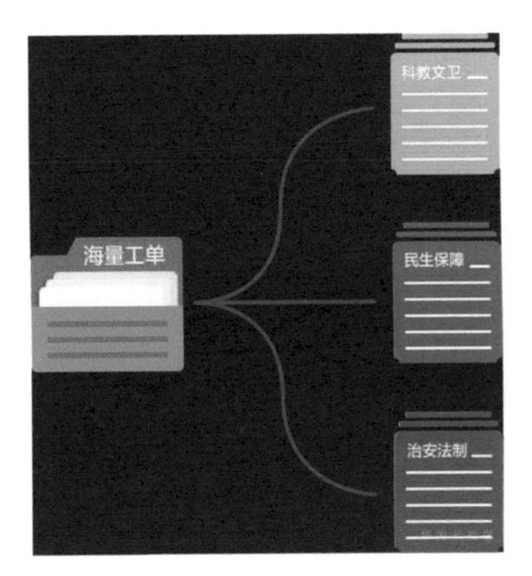

图 5-1-3　对海量工单进行标签分类　　　　图 5-1-4　华为自动客服解决用户问题

（四）自动文摘

自动文摘是指运用计算机技术，依据用户需求从源文本中提取最重要的信息内容，进行精简、提炼和总结，最后生成一个精简版本的过程。生成的文摘具有压缩性、内容完整性和可读性，如图 5-1-5 所示。

人民网内容科技应用层根据业务可以划分为四个部分。第一是内容原创。尽管媒体行业现在已经可以实现机器人写稿、虚拟主播等技术，但我认为短期内机器人不太可能完全取代人类从事深度报道、政策解读、新闻评论等内容的创作。第二是内容风控。我们和一些互联网公司合作，凭借人民网过硬的内容把关能力和风控体系，帮助他们有效地把控风险。第三是内容聚合与分发。目前绝大多数内容聚合分发平台采用"家乐福模式""沃尔玛模式"，所有品牌厂商把商品聚集在大型超市，由大型超市统一售卖和收银，如微信公众号和今日头条，就是这样的模式。最后是内容运营。即把我们在内容方面的策划、创意、制作、分发、运营能力，输送给政府机关、企事业单位和合作伙伴，帮其运营网站、客户端及各类账号平台，做好与群众、用户之间的互动

→

人民网内容科技应用层根据业务可以划分为四个部分。第一是内容原创。第二是内容风控。第三是内容聚合与分发。最后是内容运营。

图 5-1-5　自动摘取新闻示例

引导问题 4

查阅相关资料，简述实现自然语言处理技术的流程。

____

____

____

自然语言处理技术流程及其 Python 实现

（一）自然语言处理技术流程

自然语言处理技术流程大致可分为五步：获取语料→文本预处理→文本特征 / 向量化→模型训练→模型评价。

1. 获取语料

从文本源获取文本，如文件、网页、社交媒体等，如图 5-1-6 所示。

图 5-1-6　各种社交媒体来源的语料

2. 对语料进行预处理

其中包括语料清理、分词、词性标注和去停用词等步骤。

3. 特征化 / 向量化

将分词后的字和词表示成计算机可计算的类型 / 向量，以便有助于较好地表达不同词之间的相似关系。

4. 模型训练

包括传统的有监督、半监督和无监督学习模型等，可根据应用需求不同进行选择。

5. 对建模后的效果进行评价

常用的评测指标有准确率（Precision）、召回率（Recall）、F 值（F-Measure）等。

（二）Python 相关工具

1. Jieba

中文分词工具，可以将中文文本分割成单独的词汇，以便进行文本分析。

2. Gensim

用于计算文本相似度的 Python 库，可以用来构建词向量，以及计算文本之间的相似度。

3. scikit-learn

用于机器学习的 Python 库，可以用来构建分类器以及训练模型。

4. Keras

一个用于深度学习的 Python 框架，可以用来构建深度神经网络以及训练模型。

拓展阅读

清华“九歌”AI作诗

在“九歌——计算机古诗创作系统”中输入“清华”，几秒钟后，系统自动生成一首七言绝句：“清华何处是仙家，五色祥光绚彩霞。紫气氤氲呈瑞霭，银河浩荡散晴沙。”不用讶异，这首诗作确实出自计算机系统“之手”。

“九歌”是在清华大学计算机系孙茂松教授带领和指导下，由矣晓沅、杨成、李文浩等本硕博在读学生组成的研究团队推出的一个计算机自动作诗系统。让计算机下围棋，是人工智能领域的一大重要突破，而让计算机自动“创作”出堪与古诗媲美的诗歌，是一项更有挑战性的任务。从计算的角度来看，其特点与下围棋很不同。计算机在作诗这个任务上如若能通过图灵测试，将又是人工智能研究领域的一个标志性进展。

矣晓沅团队曾带着作诗机器人“九歌”亮相央视黄金档节目《机智过人》，接受图灵测试：它与三位人类检验员一起作诗，由48位投票团成员判断哪首为机器人所作，如果两轮测试中，得票最多的都不是“九歌”，则通过测试。最终，“九歌”成功骗过现场观众，先后PK下陈更与李四维，与清华校友齐妙一较诗艺高下。

“九歌”的成绩让对手齐妙啧啧称赞，她说：“我没有想到机器人的表现也能打动观众，人工智能正向着拥有情感迈进。”

“九歌”的存在意义是，以一种科技与人文结合的方式，为中华传统文化的传承贡献一份力量。正如研发团队成员所说的，他们要用科学的力量助力诗情，找寻诗意的远方。

任务分组

学生任务分配表

班级		组号		指导老师	
组长		学号			
组员角色分配					
信息员		学号			
操作员		学号			
记录员		学号			
安全员		学号			
任务分工					

（就组织讨论、工具准备、数据采集、数据记录、安全监督、成果展示等工作内容进行任务分工）

工作计划

按照前面所了解的知识内容和小组内部讨论的结果，制定工作方案，落实各项工作负责人，如任务实施前的准备工作、实施中主要操作及协助支持工作、实施过程中相关要点及数据的记录工作等。

工作计划表

步骤	工作内容	负责人
1		
2		
3		
4		
5		
6		
7		
8		

进行决策

1）各组派代表阐述资料查询结果。
2）各组就各自的查询结果进行交流，并分享技巧。
3）教师结合各组完成的情况进行点评，选出最佳方案。

任务实施

查询相关资料，并记录以下工单。

调研分析自然语言处理技术实训工单	
记录	完成情况
1. 简述自然语言处理技术的定义及其主要应用的深度学习神经网络。 ______ ______ ______ 2. 列举三条自然语言处理技术的发展方向。 ______ ______ ______ 3. 简述自然语言处理技术的流程。 ______ ______ ______	已完成□ 未完成□

（续）

6S 现场管理			
序号	**操作步骤**	**完成情况**	**备注**
1	建立安全操作环境	已完成□　未完成□	
2	清理及整理工具、量具	已完成□　未完成□	
3	清理及复原设备正常状况	已完成□　未完成□	
4	清理场地	已完成□　未完成□	
5	物品回收和环保	已完成□　未完成□	
6	完善和检查工单	已完成□　未完成□	

评价反馈

1）各组代表展示汇报 PPT，介绍任务的完成过程。

2）以小组为单位，对各组的操作过程与操作结果进行自评和互评，并将结果填入综合评价表中的小组评价部分。

3）教师对学生工作过程与工作结果进行评价，并将评价结果填入综合评价表中的教师评价部分。

综合评价表

班级		**组别**		**姓名**		**学号**	
实训任务							
评价项目		**评价标准**				**分值**	**得分**
小组评价	计划决策	制定的工作方案合理可行，小组成员分工明确				10	
	任务实施	简述自然语言处理技术的定义及其主要应用的深度学习神经网络				20	
		列举三条自然语言处理技术的发展方向				20	
		简述自然语言处理技术的流程				20	
	任务达成	能按照工作方案操作，按计划完成工作任务				10	
	工作态度	认真严谨，积极主动，安全生产，文明施工				10	
	团队合作	小组组员积极配合、主动交流、协调工作				5	
	6S 管理	完成竣工检验、现场恢复				5	
	小计					100	

（续）

评价项目		评价标准	分值	得分
教师评价	实训纪律	不出现无故迟到、早退、旷课现象，不违反课堂纪律	10	
	方案实施	严格按照工作方案完成任务实施	20	
	团队协作	任务实施过程互相配合，协作度高	20	
	工作质量	能准确完成任务实施的内容	20	
	工作规范	操作规范，三不落地，无意外事故发生	10	
	汇报展示	能准确表达，总结到位，改进措施可行	20	
	小计		100	
综合评分		小组评价分 ×50% ＋教师评价分 ×50%		

总结与反思
（如：学习过程中遇到什么问题→如何解决的 / 解决不了的原因→心得体会）

任务二　完成文本数据采集与预处理实训

学习目标

- 了解文本数据的定义。
- 了解文本数据的主要特点。
- 了解文本数据的采集方法。
- 了解文本数据的数据来源。
- 了解中文文本预处理的流程以及与中英文文本预处理的区别。
- 能够列举实现汽车评论文本数据的采集和与预处理相关的 Python 工具。
- 能够掌握汽车评论文本数据的采集和预处理的实现流程，在思考中锻炼系统性的职业思维。

知识索引

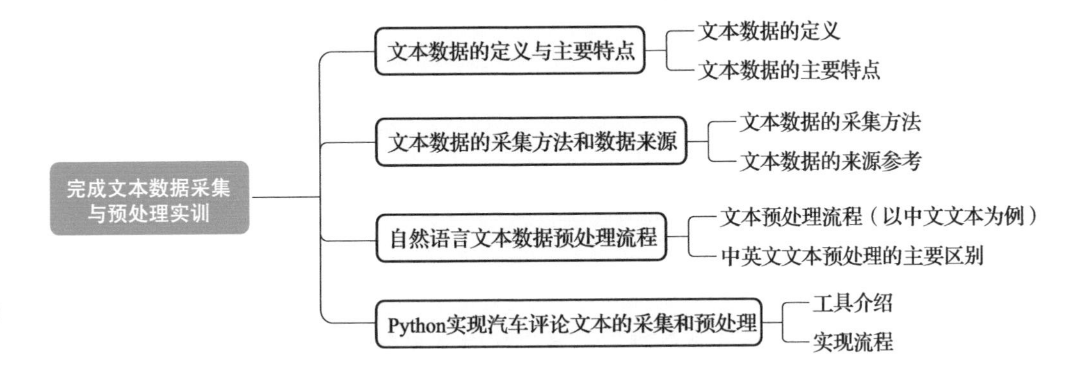

情境导入

公司的汽车门户网站非常火热，已经有大量的合作厂商决定接入，收到了很多用户对各种汽车品牌的评价和反馈。现需要对合作厂商的汽车相关数据进行收集和文本预处理以及文本表示。你作为该公司的数据科学助理，主要负责协助数据科学家完成数据的准备和特征表示的任务，为后续建立模型对汽车口碑进行分析做数据准备。

获取信息

引导问题 1

查阅相关资料，简述文本数据的定义和特点。

____

____

____

文本数据的定义与主要特点

（一）文本数据的定义

文本数据是指用字符串形式表示的信息。可以是文字、语音、图像或其他多媒体形式在计算机中存储和处理后的字符串格式；也可以是文章、评论、社交媒体消息、电子邮件等各种类型的信息形式。

由于目前大多数信息（80%）都是以文本的形式来保存的，文本挖掘被认为具有较高的商业潜在价值。

（二）文本数据的主要特点

1. 半结构化

包含标题、作者、分类等结构字段，也包含非结构化的文字内容。

2. 蕴含语义、情感

如一词多义、一义多词、起承转合、时间关系等。

引导问题 2

查阅相关资料，简述文本数据的采集方法与常用数据来源。

____

____

____

文本数据的采集方法和数据来源

（一）文本数据的采集方法

文本数据采集一般有三种方法，即使用 Python 及其第三方库的内置数据集、使用开源数据或者是根据需要从网上爬取数据。

1. Python 及其第三方库内置的数据集

例如，scikit-learn 中包含了 20 类新闻数据集和口语语料库；Keras 中的 IMDB 评论数据集和商品评论数据集。

2. 开源数据集

当前已有很多公开的 NLP 数据集支持相关的研究和应用分析，如 github 项目有 CLUEDatasetSearch（收集了众多中英文 NLP 数据集）、funNLP（分门别类地组织了众多的 NLP 数据集和项目）、awesome-chinese-nlp（收集了中文自然语言处理相关资料）等。

3. 网络爬虫

很多情况下所研究的问题面向某种特定的领域，那些开放语料库经常无法满足使用需求，这时可使用爬虫软件爬取相应的信息。

（二）文本数据的来源参考

文本数据集的来源通常是调查报告、社交媒体、在线评论。以社交媒体为例，在社交平台上，人们通过社交帖子中的语言和表情符号表达自己的想法、感受和行动。社交帖子对于理解目标受众并引起共鸣非常有价值。社交媒体可视为世界上最大的文本数据池，如图 5-2-1 所示。

图 5-2-1　社交媒体上存在着大量文本数据

更多的文本数据还来源于社交论坛、新闻报道、访谈、学术研究论文、演讲稿等。

引导问题 3

查阅相关资料，以中文文本为例，简述自然语言文本数据预处理流程。

____

____

____

自然语言文本数据预处理流程

（一）文本预处理流程（以中文文本为例）

文本数据预处理是指对原始文本数据进行清洗、格式化、结构化处理，以便于后续的分析和模型训练，包括但不限于去除噪声数据、标准化语言、分词、词干提取、去除停用词等步骤。

1. 去除无效标签

例如，从网页源代码获取的文本信息中包含 HTML 标签，应去除。

2. 基本纠错

对于文本中明显的人名、地名等常用语和特定场景用语的错误进行纠正。

3. 去除空白

文本中可能包含大量空格、空行等，需要去除。

4. 去标点符号

去除句子中的标点符号、特殊符号等。

5. 分词

分词是指将连续的字序列按照一定的规范重新组合成词序列的过程。

6. 去停用词

如“的”“是”等。

（二）中英文文本预处理的主要区别

1. 分词

英文可以直接用最简单的空格和标点符号完成分词。中文词没有形式上的分界符。

2. 拼写

对英文进行预处理包括拼写检查，如 Helo World 这样的错误。英文文本可直接处理得到单词的原始形态，例如，faster、fastest，都可变为 fast；leafs、leaves，都可变为 leaf。

中英文文本预处理步骤区别见表 5-2-1。

表 5-2-1　中英文文本预处理步骤区别

步骤	中文文本预处理	英文文本预处理
分词	中文文本需要分词，将连续的汉字切分成离散的词语	英文文本通常已经是离散的单词形式
停用词过滤	中文文本需要去除常见但无实际含义的词语，如“的”“是”等	英文文本也需要去除停用词，如 the、a 等
词干提取 / 词形还原	中文文本不需要词干提取，但可以使用词形还原进行规范化处理	英文文本需要进行词干提取，如将 running 转换为 run
实体识别	中文文本需要进行实体识别，如人名、地名、机构名等	英文文本也可以进行实体识别，如人名、公司名等
词向量表示	中文文本需要进行中文词向量表示，如使用 Word2Vec 或 BERT 等模型进行训练	英文文本也可以进行词向量表示，使用相应的模型进行训练
编码转换	中文文本需要将文本从 GBK 或 GB2312 等编码转换为 UTF-8 编码	英文文本通常已经是 UTF-8 编码
清洗 / 过滤	中文文本需要清洗去除一些噪声、无用信息和不规范的文本格式，如网页标签等	英文文本也需要进行类似的清洗和过滤
文本归一化	中文文本需要进行拼音转化、数字规范化、繁简体转换等处理	英文文本通常不需要进行文本归一化处理

引导问题 4

查阅相关资料，简述用 Python 进行汽车评论文本的采集和预处理的实现思路。

____

____

____

Python 实现汽车评论文本的采集和预处理

（一）工具介绍

Jieba（结巴）是一个中文分词库，它可以将中文文本分成一个一个的词语。

Jieba 库采用基于前缀词典的分词方法，可以实现高效准确的中文分词。

Jieba 库支持三种分词模式：精确模式、全模式和搜索引擎模式。其中，精确模式是默认模式，它可以将文本切分成最精确的词语；全模式则将文本中可能的词语全部切分出来；搜索引擎模式则在精确模式的基础上，对长词再次进行切分。

除了中文分词，Jieba 还提供了一些其他的功能，如关键词提取、词性标注、繁体转简体等。

Jieba 库是一个开源的 Python 库，可以通过 pip 安装。它的使用非常简单，只需要导入库并调用相应的函数即可。

（二）实现流程

1）通过 pip 命令安装 Jieba 库。代码示例：

```
!pip install jieba
```

2）对文本进行分词，使用默认分词模式。代码示例：

```
import jieba <br> seg_list = jieba.cut("我来到清华大学", cut_all=False) <br> print("Default Mode:" + "/".join(seg_list))
```

3）将“自然语言处理”添加到词典中，以便在分词时被识别。代码示例：

```
jieba.add_word("自然语言处理")
```

4）将“机器学习”从词典中删除。代码示例：

```
jieba.del_word("机器学习")
```

5）使用 TF-IDF 算法提取关键词，返回前三个关键词及其权重。代码示例：

```
import jieba.analyse <br> text = "结巴是一个优秀的中文分词工具，使用方便，效果出众"<br> keywords = jieba.analyse.extract_tags(text, topK=3, withWeight=True) <br> print(keywords)
```

6）对文本进行词性标注，输出每个词及其对应的词性标记。代码示例：

```
import jieba.posseg as pseg <br> words = pseg.cut("我爱自然语言处理") <br> for word, flag in words: <br> print ('%s %s' % (word, flag))
```

任务分组

学生任务分配表

班级		组号		指导老师	
组长		学号			
组员角色分配					
信息员		学号			
操作员		学号			
记录员		学号			
安全员		学号			
任务分工					

（就组织讨论、工具准备、数据采集、数据记录、安全监督、成果展示等工作内容进行任务分工）

工作计划

按照前面所了解的知识内容和小组内部讨论的结果，制定工作方案，落实各项工作负责人，如任务实施前的准备工作、实施中主要操作及协助支持工作、实施过程中相关要点及数据的记录工作等。

工作计划表

步骤	工作内容	负责人
1		
2		
3		
4		
5		
6		
7		
8		

进行决策

1）各组派代表阐述资料查询结果。

2）各组就各自的查询结果进行交流，并分享技巧。

3）教师结合各组完成的情况进行点评，选出最佳方案。

任务实施

扫描右侧二维码，了解实现汽车评论文本采集和简单预处理的流程。

参考操作视频，按照规范作业要求完成汽车评论文本采集和简单预处理的操作，并记录工单。

汽车评论文本的采集和简单预处理实训工单

步骤	记录	完成情况
1	启动计算机设备，打开 pycharm 编译环境	已完成□　未完成□
2	导入 Jieba 库	已完成□　未完成□
3	读取数据	已完成□　未完成□
	输入命令读取整份数据	
	输入命令读取评论内容	
4	分词	已完成□　未完成□
	使用双重循环和 jieba.lcut_for_search 方法对读取后的数据进行分词	
	提取分词后将词频前 5000 的词语保存进词典	
	对数据训练长度进行填充	
5	输入命令创建线性堆叠模型	已完成□　未完成□
6	输入命令创建 Adam 优化器	已完成□　未完成□
7	划分训练集和验证集	已完成□　未完成□
8	输入命令使训练数据在训练中使用验证集验证	已完成□　未完成□
9	运行程序进行训练	已完成□　未完成□
10	保存文件数据	已完成□　未完成□
11	查看文件数据	已完成□　未完成□

评价反馈

1）各组代表展示汇报 PPT，介绍任务的完成过程。

2）以小组为单位，对各组的操作过程与操作结果进行自评和互评，并将结果填入综合评价表中的小组评价部分。

3）教师对学生工作过程与工作结果进行评价，并将评价结果填入综合评价表中的教师评价部分。

综合评价表

班级		组别		姓名		学号	
实训任务							
评价项目		评价标准				分值	得分
小组评价	计划决策	制定的工作方案合理可行，小组成员分工明确				10	
	任务实施	能够正确检查并设置实训环境				20	
		完成汽车评论文本采集和预处理的实训				20	
		能够规范填写任务工单				20	
	任务达成	能按照工作方案操作，按计划完成工作任务				10	
	工作态度	认真严谨，积极主动，安全生产，文明施工				10	
	团队合作	小组组员积极配合、主动交流、协调工作				5	
	6S 管理	完成竣工检验、现场恢复				5	
	小计					100	
教师评价	实训纪律	不出现无故迟到、早退、旷课现象，不违反课堂纪律				10	
	方案实施	严格按照工作方案完成任务实施				20	
	团队协作	任务实施过程互相配合，协作度高				20	
	工作质量	能准确完成任务实施的内容				20	
	工作规范	操作规范，三不落地，无意外事故发生				10	
	汇报展示	能准确表达，总结到位，改进措施可行				20	
	小计					100	
综合评分		小组评价分 ×50% ＋教师评价分 ×50%					
总结与反思							

（如：学习过程中遇到什么问题→如何解决的 / 解决不了的原因→心得体会）

任务三　完成汽车评论文本分类实训

学习目标

- 了解文本特征表示技术的定义和常用方法。
- 了解文本分类技术的定义。
- 了解循环神经网络的定义和原理。
- 了解基于循环神经网络实现汽车评论文本分类的流程。
- 能正确使用 Keras 框架构建一个基于循环神经网络的汽车评论文本分类器。
- 能阐述卷积神经网络和循环神经网络的联系及区别，培养对比学习的职业意识。

知识索引

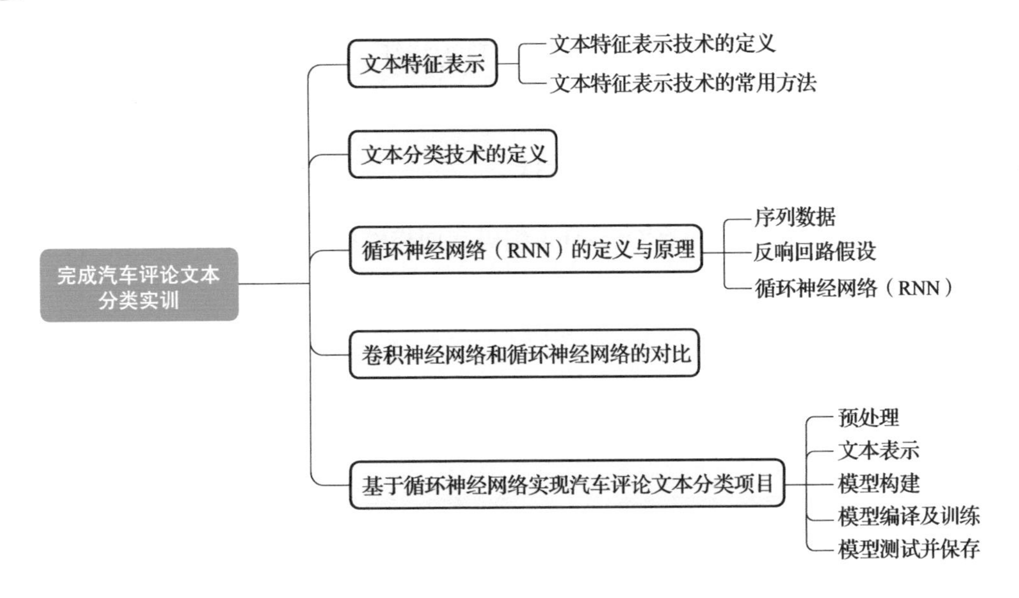

情境导入

大量的汽车评论文本数据已经准备并且处理好，你作为公司的自然语言处理工程师，岗位职责是负责设计、开发和维护 NLP 系统。现需要你使用处理好的数据和文本分类技术对汽车口碑数据进行分析，为公司的众多合作厂商反馈用户的评价，帮助他们发现用户痛点，改进产品服务。

获取信息

引导问题 1

查阅相关资料，简述文本特征表示的定义。

____

____

____

文本特征表示

（一）文本特征表示技术的定义

文本特征表示是指将自然语言文本转换为数值向量的过程。计算机只能处理数值数据，而自然语言文本通常是一组字符串。为了让计算机能够处理文本数据，需要将文本表示为数值向量，这样就可以将自然语言处理（NLP）技术应用于文本数据，如文本分类、情感分析、机器翻译等。

通常采用向量空间模型来描述文本向量，即将文档作为行，将分词后得到的单词（单词在向量空间模型里面被称为向量，也被称为特征、维度或维）作为列，而矩阵的值则是通过词频统计算法得到的结果。这种空间向量模型也称为文档特征矩阵。

（二）文本特征表示技术的常用方法

常用的文本特征表示方法有 One-Hot 编码、词袋模型（Bag of Words）、TF-IDF、词嵌入（Word Embedding）和序列嵌入（Sequence Embedding）。

1. One-Hot 编码

One-Hot 编码将每个单词表示为一个独热向量，其中只有一个元素是 1，其余元素都是 0。这种表示方法非常简单，但它没有考虑单词之间的关系，如图 5-3-1 所示。

Color
Red
Red
Yellow
Green
Yellow

Red	Yellow	Green
1	0	0
1	0	0
0	1	0
0	0	1

图 5-3-1　通过 One-Hot 编码将颜色进行文本特征表示

2. 词袋模型（Bag of Words）

词袋模型将文本表示为单词的计数向量，其中每个维度代表一个单词，计数值代表该单词在文本中出现的次数。这种表示方法比独热编码更为实用，因为它可以表达单词在文本中的重要程度，但它没有考虑单词的顺序和上下文关系。

3. TF-IDF

TF-IDF 是一种常用的文本挖掘技术，用于计算一个词在一篇文档中的重要性或者权重。TF-IDF 公式的思路是，通过计算一个词在单个文档中的词频和在整个文集中的逆文档频率，来度量该词在文档中的重要性。该方法可以过滤掉一些常见的词，如 the、and 等，并突出一些特殊的词汇，如专业术语、关键词等，从而提高文本分析和信息检索的效率和准确性。

TF 表示词频（Term Frequency），即一个词在文档中出现的次数。一个词出现的次数越多，它在文档中的重要性也就越高。IDF 表示逆文档频率（Inverse Document Frequency），即一个词在整个文集中出现的频率的倒数。IDF 值越大，表示一个词在整个文集中出现的频率越小，因此它在单个文档中的重要性就越大。TF-IDF 公式将 TF 和 IDF 相乘，得到一个词在文档中的 TF-IDF 权重值。公式如下：

$$\text{TF-IDF}(w, d) = \text{TF}(w, d) \times \text{IDF}(w)$$

式中，w 表示词，d 表示文档。

$$\text{TF}(w, d) = (\text{该词在文档中出现的次数}) / (\text{文档中所有词的总数})$$

$$\text{IDF}(w) = \log\left[(\text{文档总数}) / (\text{包含该词的文档数} + 1)\right]$$

4. 词嵌入（Word Embedding）

词嵌入将每个单词表示为一个固定长度的向量。词嵌入通过考虑单词的上下文关系来获得更丰富的语义信息。该方法在自然语言处理中非常流行，因为它可以捕捉到单词之间的语义和语法关系，如图 5-3-2 所示。

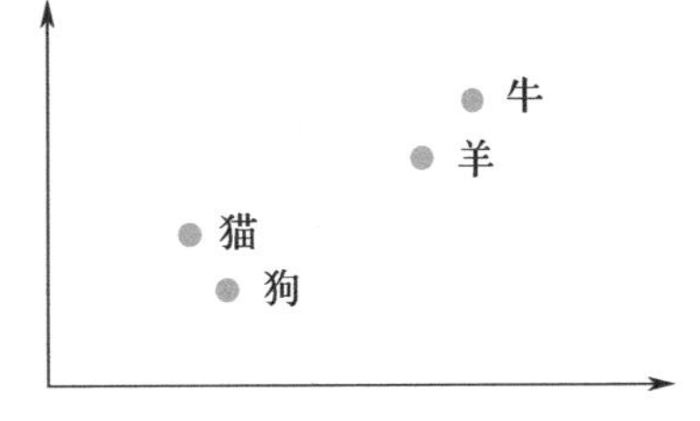

图 5-3-2　将词汇转换成向量，并在空间中表示

5. 序列嵌入（Sequence Embedding）

序列嵌入将整个文本序列作为一个向量表示。序列嵌入通过神经网络模型（如循环神经网络和 Transformer）学习文本序列中的语义和上下文信息，并生成一个固定长度的向量表示。该方法在自然语言处理任务中非常流行，如文本分类、情感分析和机器翻译。

引导问题 2

查阅相关资料，简述文本分类技术的定义。

____

____

____

文本分类技术的定义

文本分类是指根据事先打好标签的数据集，学习文档内在特征，建立文档与类别的关系模型，将文档自动归类到一种或多种类别的过程，可用于垃圾邮件过滤、垃圾评论过滤、自动标签、情感分析，如图 5-3-3 和图 5-3-4 所示。

- 买没几天就降价一点都不开心，闪存跑分就五百多点点 ---
- 外观漂亮音质不错，现在电子产品基本上都是华为的了 ---
- 汽车不错，省油，性价比高 ---
- 这个政策好啊，利国利民 ---

图 5-3-3　电子产品评论文本

图 5-3-4　识别垃圾邮件

引导问题 3

查阅相关资料，简述循环神经网络的原理。

____

____

____

循环神经网络（RNN）的定义与原理

（一）序列数据

序列数据是指随时间变化的数据或者数据前后之间有明显顺序的数据。例如，文本数据中普通的一句话里的词语要素变换顺序后就会变成新的一句话，理解出来的意思也会不一样。如图 5-3-5 所示。

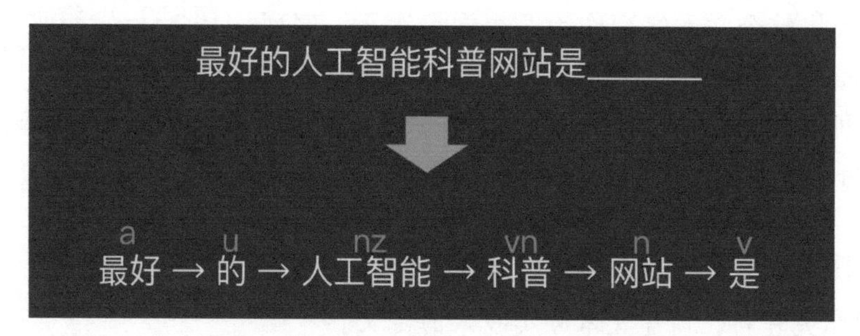

图 5-3-5　文本数据的序列性决定了其必须考虑词语之间的顺序

又如每个人在不同的年龄会有不同的身高、体重、健康状况，只有性别是固定的。如果需要根据年龄来预测某人的健康状况，则需要每年对某人的情况进行一次采样，按时间排序后记录到数据库中。

如果想从一只青蛙的跳跃动作中分析出其跳跃的高度和距离，则需要获得一段视频，然后从视频的每一帧图片中获得青蛙的当前位置和动作，如图 5-3-6 所示。

图 5-3-6 在不同时刻青蛙跳跃的高度和距离不同

深度学习中的卷积神经网络无法直接处理序列数据，下面介绍一种新的深度学习神经网络——循环神经网络（RNN）。

（二）反响回路假设

反响回路是一种神经回路，是指在人类大脑的学习和记忆过程中，最初响应刺激而激活的神经活动存在着或多或少不断重新激活的可能，以便为随时可以检索信息做准备，如图 5-3-7 所示。

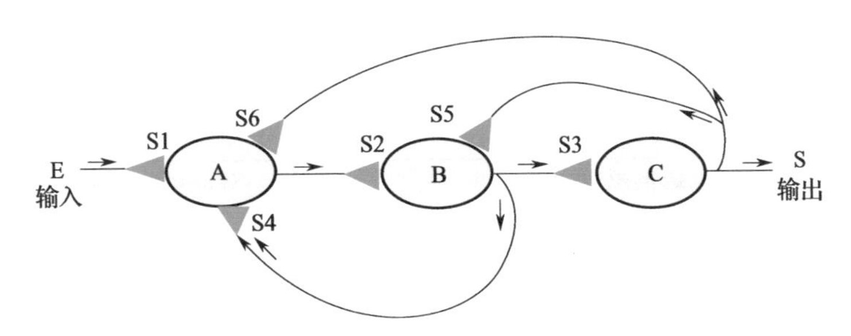

图 5-3-7 人类大脑中的神经反射反响回路

（三）循环神经网络（RNN）

循环神经网络（Recurrent Neural Network，RNN）是一类以序列数据为输入，在序列的演进方向进行递归且所有节点（循环单元）按链式连接的递归神经网络。

如图 5-3-8 所示，循环神经网络就像是一个有记忆的网络。它的输入不仅仅是当前输入的数据，还包括网络中前一时刻的状态。这样，每个时刻的输出不仅受到当前输入的影响，还受到前一时刻的状态的影响。这种记忆能力使得循环神经网络在时间序列处理、自然语言处理、语音识别等任务上非常有效。

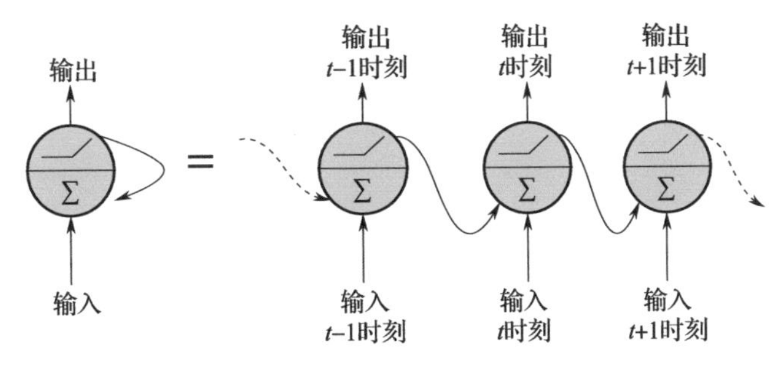

图 5-3-8 循环神经结构图

RNN 的基本结构由输入层（Input）、隐藏层和输出层（Output）组成。RNN 在处理数据时，每次计算都会将当前层的输出送入下一层的隐藏层中，并和下一层的输入一起计算输出。

循环神经网络能挖掘数据中的时序信息和语义信息，因此能有效地处理具有序列特性的数据。

引导问题 4

查阅相关资料，简述卷积神经网络和循环神经网络的应用场景。

____

____

____

卷积神经网络和循环神经网络的对比

卷积神经网络与循环神经网络的对比见表 5-3-1。

表 5-3-1　卷积神经网络和循环神经网络的对比

对比维度	卷积神经网络	循环神经网络
价值	能够将大数据量的图片有效地降维成小数据量图片（并不影响结果）；能够保留图片的特征，类似人类的视觉原理	能有效地处理序列数据，例如：文章内容、语音音频、股票价格走势……
基本原理	卷积层的主要作用是保留图片的特征；池化层的主要作用是把数据降维，可以有效地避免过拟合；全连接层根据不同任务输出想要的结果	之所以能处理序列数据，是因为在序列中前面的输入也会影响到后面的输出，相当于有了“记忆功能”。但是 RNN 存在严重的短期记忆问题，长期的数据影响很小（哪怕是重要的信息）
实际应用	图片分类、检索，目标定位检测，目标分割，人脸识别，骨骼识别	文本生成，语音识别，机器翻译，生成图像描述，视频标记

引导问题 5

查阅相关资料，简述基于循环神经网络实现汽车评论文本分类项目的思路。

____

____

____

基于循环神经网络实现汽车评论文本分类项目

（一）预处理

导入已预训练的文本数据。

（二）文本表示

需要将预处理后的文本数据进行文本表示。可以采用 Keras 的 Embedding 层通过词频权重进行文本表示。

Keras 的 Embedding 层是一种常用的层，用于将输入的离散变量转换为连续向量空间中的向量表示。这在自然语言处理中尤为常见，因为单词通常是以离散的形式出现在文本中，而神经网络通常需要使用连续的向量作为输入。

（三）模型构建

使用 Keras 的 Sequential 会话构建 RNN 网络。

（四）模型编译及训练

1）使用 Keras 的 model.compile 进行模型编译。

2）使用 Keras 的 model.fit 方法对模型进行训练，设定参数（训练次数）、batch_size（批训练数据）。

（五）模型测试并保存

使用 model.save 保存模型。

任务分组

学生任务分配表

班级		组号		指导老师	
组长		学号			
组员角色分配					
信息员		学号			
操作员		学号			
记录员		学号			
安全员		学号			
任务分工					
（就组织讨论、工具准备、数据采集、数据记录、安全监督、成果展示等工作内容进行任务分工）					

工作计划

按照前面所了解的知识内容和小组内部讨论的结果，制定工作方案，落实各项工作负责人，如任务实施前的准备工作、实施中主要操作及协助支持工作、实施过程中相关要点及数据的记录工作等。

工作计划表

步骤	工作内容	负责人
1		
2		
3		
4		
5		
6		
7		
8		

进行决策

1）各组派代表阐述资料查询结果。

2）各组就各自的查询结果进行交流，并分享技巧。

3）教师结合各组完成的情况进行点评，选出最佳方案。

任务实施

扫描右侧二维码，了解利用循环神经网络进行汽车评论文本分类的流程。

基于循环神经网络实现汽车评论文本分类

参考操作视频，按照规范作业要求完成基于循环神经网络实现汽车评论文本分类的操作，并记录工单。

基于循环神经网络实现汽车评论文本分类实训工单		
步骤	记录	完成情况
1	启动计算机设备，打开 pycharm 编译环境	已完成□　未完成□
2	导入相关库	已完成□　未完成□
3	读取数据	已完成□　未完成□
	输入命令读取评论数据	
4	分词	已完成□　未完成□
	使用双重循环和 jieba.lcut_for_search 方法对读取后的数据进行分词	
	提取分词后将词频前 5000 的词语保存进词典	
	对数据训练长度进行填充	
5	输入命令修改训练数据向量保存文件	已完成□　未完成□
6	运行程序进行分类	已完成□　未完成□
7	保存文件	已完成□　未完成□
8	查看文件	已完成□　未完成□

四）评价反馈

1）各组代表展示汇报 PPT，介绍任务的完成过程。

2）以小组为单位，对各组的操作过程与操作结果进行自评和互评，并将结果填入综合评价表中的小组评价部分。

3）教师对学生工作过程与工作结果进行评价，并将评价结果填入综合评价表中的教师评价部分。

综合评价表

<table>
<tr><td>班级</td><td></td><td>组别</td><td></td><td>姓名</td><td></td><td>学号</td><td></td></tr>
<tr><td colspan="2">实训任务</td><td colspan="6"></td></tr>
<tr><td colspan="2">评价项目</td><td colspan="4">评价标准</td><td>分值</td><td>得分</td></tr>
<tr><td rowspan="10">小组评价</td><td>计划决策</td><td colspan="4">制定的工作方案合理可行，小组成员分工明确</td><td>10</td><td></td></tr>
<tr><td rowspan="3">任务实施</td><td colspan="4">能够正确检查并设置实训环境</td><td>10</td><td></td></tr>
<tr><td colspan="4">完成基于循环神经网络实现汽车评论文本分类的实训</td><td>30</td><td></td></tr>
<tr><td colspan="4">能够规范填写任务工单</td><td>20</td><td></td></tr>
<tr><td>任务达成</td><td colspan="4">能按照工作方案操作，按计划完成工作任务</td><td>10</td><td></td></tr>
<tr><td>工作态度</td><td colspan="4">认真严谨，积极主动，安全生产，文明施工</td><td>10</td><td></td></tr>
<tr><td>团队合作</td><td colspan="4">小组组员积极配合、主动交流、协调工作</td><td>5</td><td></td></tr>
<tr><td>6S 管理</td><td colspan="4">完成竣工检验、现场恢复</td><td>5</td><td></td></tr>
<tr><td colspan="5">小计</td><td>100</td><td></td></tr>
<tr style="display:none"></tr>
<tr><td rowspan="7">教师评价</td><td>实训纪律</td><td colspan="4">不出现无故迟到、早退、旷课现象，不违反课堂纪律</td><td>10</td><td></td></tr>
<tr><td>方案实施</td><td colspan="4">严格按照工作方案完成任务实施</td><td>20</td><td></td></tr>
<tr><td>团队协作</td><td colspan="4">任务实施过程互相配合，协作度高</td><td>20</td><td></td></tr>
<tr><td>工作质量</td><td colspan="4">能准确完成任务实施的内容</td><td>20</td><td></td></tr>
<tr><td>工作规范</td><td colspan="4">操作规范，三不落地，无意外事故发生</td><td>10</td><td></td></tr>
<tr><td>汇报展示</td><td colspan="4">能准确表达，总结到位，改进措施可行</td><td>20</td><td></td></tr>
<tr><td colspan="5">小计</td><td>100</td><td></td></tr>
<tr><td colspan="2">综合评分</td><td colspan="5">小组评价分 ×50% + 教师评价分 ×50%</td><td></td></tr>
<tr><td colspan="8">总结与反思</td></tr>
<tr><td colspan="8">（如：学习过程中遇到什么问题→如何解决的 / 解决不了的原因→心得体会）</td></tr>
</table>

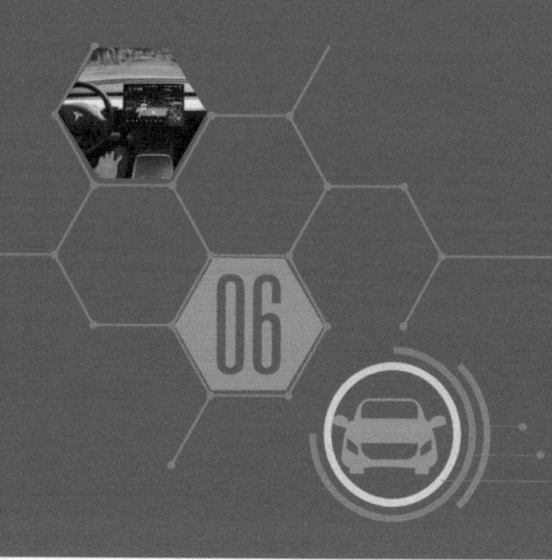

能力模块六 掌握基于深度学习的语音处理技术应用

任务一　调研分析语音识别技术

学习目标

- 了解语音识别技术的定义与主要应用技术。
- 了解语音识别技术原理。
- 了解语音识别实现的技术基础。
- 了解语音识别技术的常见应用。
- 了解语音识别技术的流程。
- 了解语音识别技术实现的相关 Python 工具。
- 能够列举至少三个语音识别技术在汽车上的应用，锻炼条理思考的职业意识。

知识索引

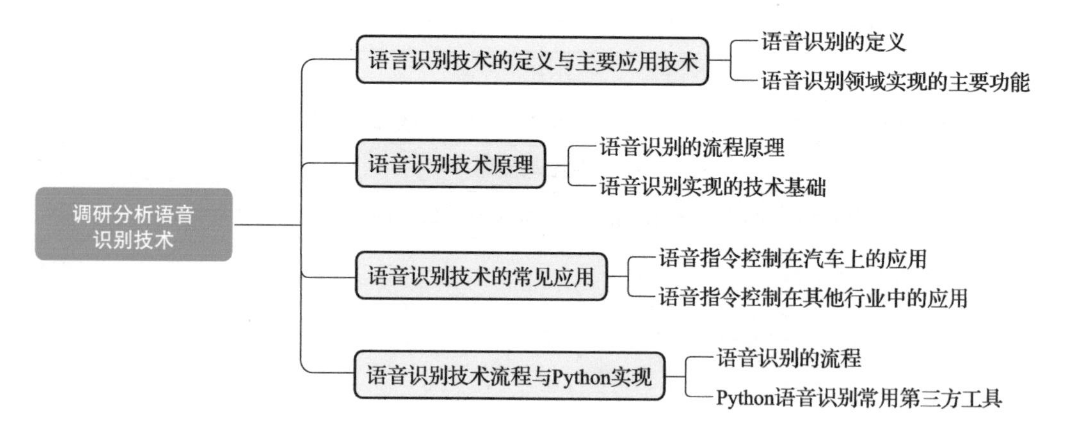

情境导入

某市举办智能座舱语音识别挑战赛，这是该市智能座舱领域最高级别的大赛，吸引了众多企业的参加。该比赛对设计的智能座舱系统有三个要求，分别是便捷、互动、安全。

报名参加比赛需要先提交企业的整体设计方案以及阐明背后所运用的技术。你作为参赛企业的语音识别实习生，主要的岗位职责是协助公司的语音识别团队完成开发任务。现需要你调研分析你们方案所运用的语音识别技术和整体方案设计。

获取信息

引导问题 1

查阅相关资料，简述语音识别技术的定义和该领域的主要应用技术。

____

____

____

语音识别技术的定义与主要应用技术

（一）语音识别的定义

语音识别技术也称自动语音识别技术（Automatic Speech Recognition，ASR），是指机器通过识别和理解过程将语音信号转换为文本或指令的技术。语音识别的目标是让机器能够像人一样准确理解语音信号所承载的信息，从而实现人机交互，如图 6-1-1 所示。

图 6-1-1　语音识别技术示例

（二）语音识别领域实现的主要功能

1. 语音识别功能

语音识别功能可以从语音中自动提取语音特征，并将其转换为文本，如图 6-1-2 所示。

2. 语音合成功能

语音合成功能可以将文本转换为可以被听到的语音，如图 6-1-3 所示。

图 6-1-2　将话语转换为文字

图 6-1-3　将文字转换为语音

3. 语音唤醒功能

语音唤醒功能能够通过特定的关键词唤醒设备，可以让设备更快地响应用户的请求。例如，苹果公司的 Siri 语音助理可进行唤醒设置。

4. 语音识别引擎功能

语音识别引擎功能能够更加准确地识别用户语音，可以更好地理解用户的语意，从而提供更好的服务，如图 6-1-4 所示。

5. 语音控制功能

语音控制功能能够通过语音控制设备，从而更加便捷地使用设备，如图 6-1-5 所示。

图 6-1-4　搜索引擎中的语音识别

图 6-1-5　语音控制电视网页

引导问题 2

查阅相关资料，简述语音识别技术的原理。

____

____

____

语音识别技术原理

（一）语音识别的流程原理

语音识别的首要要素是语音。通过传声器，语音便从物理声音被转换为电信号，然后通过模数转换器转换为数据。语音一旦被数字化，就可适用于若干种模型，模型再将音频转录为文本。

（二）语音识别实现的技术基础

大多数现代语音识别系统都依赖于隐马尔可夫模型（HMM）和神经网络的结合。

1. 隐马尔可夫模型（HMM）

语音识别使用隐马尔可夫模型来识别语音，从而确定说话者正在说什么。它可以从口头语言中提取有意义的信息，从而帮助机器理解人类语言。

隐马尔可夫模型（Hidden Markov Model，HMM）是一种概率模型，用来描述一个系统受到外部环境影响时，随时间变化的状态。它可以用来模拟一个系统从一个状态到另一个状态的过程，并且可以根据系统的历史状态来预测未来的状态。

隐马尔可夫模型的工作原理为：语音信号在非常短的时间尺度上（如 10ms）可被近似为静止过程，即一个其统计特性不随时间变化的过程。

假设你有一只猫，它可以处于两种状态：睡觉和游玩。根据这只猫的历史状态，你可以用隐马尔可夫模型来预测它未来的状态。例如，如果它过去一直都在睡觉，那么你可以预测它未来也会继续睡觉。

2. 神经网络

神经网络的作用是通过特征变换和降维技术来简化语音信号。神经网络在语音识别中的应用主要包括语音特征提取、语音识别和语音合成。

（1）语音特征提取

语音特征提取是指从原始语音信号中提取出有用的特征，这些特征可以用于语音识别。神经网络可以用来提取语音特征，例如，用多层感知机（MLP）来提取语音特征。

（2）语音识别

神经网络可以用来进行语音识别，例如，用循环神经网络（RNN）来识别语音。

（3）语音合成

神经网络可以用来进行语音合成，例如，用生成对抗网络（GAN）来合成语音。

引导问题 3

查阅相关资料，简述车载语音识别技术都有哪些应用，语音技术还在哪些其他行业应用。

____

____

语音识别技术的常见应用

（一）语音指令控制在汽车上的应用

在车内，乘客只需要用嘴说出命令控制字，就可以实现对车载系统的控制。这种控制手段方便快捷，可用于控制汽车导航及车载设备，如车灯、音响、天窗、座椅、刮水器等，如图 6-1-6 所示。

图 6-1-6　车内语音控制

（二）语音指令控制在其他行业中的应用

1. 智能家居

AI 语音技术使得智能家电更好用。它能将“AI 语音 + 大数据 + 深度学习”结合起来，让家电产品能听、能说、能看，让用户可以与机器进行自然交互，更具人性化，如图 6-1-7 所示。

图 6-1-7　智能家居中的语音识别

2. 智能医疗

AI 语音技术在智能医疗方面可以提高医疗服务质量。语音对话机器人可以解决医疗市场的长期低效率问题，降低成本，减少医护人员的时间负担，并为患者带来不一样的体验提升。AI 语音随访可以完成 400~1000 人次的随访工作，极大地提高了随访的工作量。

引导问题 4

查阅相关资料，简述语音识别的流程，并列举至少三个 Python 语音识别相关库。

____

____

____

语音识别技术流程与 Python 实现

（一）语音识别的流程

语音识别的主要流程有语音数据预处理、特征提取、神经网络模型建立、语音识别。

1. 语音数据预处理

预处理包括预滤波、采样、模 / 数转换、预加重、分帧加窗、端点检测等操作。

2. 特征提取

通常，在进行语音识别之前，需要根据语音信号提取有效的声学特征，特征提取的性能对后续语音识别系统的准确性极其关键。

目前语音识别系统常用的声学特征有梅尔频率倒谱系数（MFCC）、感知线性预测系数（PLP）、线性预测倒谱系数（LPCC）、梅尔滤波器组系数（Fbank）。

最常用的方法是 MFCC 特征提取法。用传统的方法获得 MFCC 特征相对繁琐，在 Python 中使用第三方 Librosa 库函数可以相对容易地获取 MFCC 特征。该函数可以将从语音输入中得到的 MFCC 特征以一维正负数数组的形式存储在磁盘中。

3. 神经网络模型建立

使用 Python 开发的神经网络第三方库 Keras 建立神经网络模型，并对已经得到的 MFCC 特征向量进行神经网络训练，可得到一个训练好的神经网络模型。

4. 语音识别

语音识别之前应已经获得需要识别的新数据的 MFCC 特征和已经训练好的神经网络模型，然后将训练好的神经网络模型进行加载，再将新数据的 MFCC 特征输入加载好的模型中，进而输出新数据的语音识别结果。

（二）Python 语音识别常用第三方工具

1. 常用工具列举

（1）watson-developer-cloud

IBM Watson 是机器学习和认知计算最著名的实用平台之一。它提供了一套完整的

API（常用功能、测试以及实验），允许开发人员利用机器学习技术，如自然语言处理、计算机视觉和预测功能，来构建应用程序。

（2）google-cloud-speech

由谷歌公司研发的云语音 API。

（3）SpeechRecognition

由谷歌公司研发，专注于语音向文本转换的第三方工具。

（4）Assemblyai

自动将音频和视频文件以及实时音频流转换为文本的平台。

（5）Pocketsphinx

第一个开源面向嵌入式的中等词汇量、连续语音识别项目。

（6）Wit

由 Meta 推出的用于将自然语言转换为可处理指令的 API 平台，其目的是帮助开发者便捷地打造类 Siri 语音对话应用或设备。

2. SpeechRecognition 库的优势

1）满足多种主流语音 API 灵活性高。

2）Google Web Speech API：支持硬编码到 SpeechRecognition 库中的默认 API 密钥，无需注册就可使用。

3）SpeechRecognition：无需构建访问传声器和从头开始处理音频文件的脚本，只需几分钟即可自动完成音频输入、检索并运行，因此易用性很高。

3. SpeechRecognition 的识别器

SpeechRecognition 的核心是识别器，一共有七个 Recognizer API ，包含多种设置和功能来识别音频源的语音，详见表 6-1-1。

表 6-1-1　SpeechRecognition 语音识别器

语音识别器	解释说明
recognize_bing（）	微软必应语音引擎
recognize_google（）	谷歌网络语音引擎
recognize_google_cloud（）	谷歌云引擎
recognize_houndify（）	Houndify 语音引擎
recognize_ibm（）	IBM 语音引擎
recognize_sphinx（）	卡内基梅隆大学语音引擎。唯一可脱机工作的识别器
recognize_wit（）	Meta 语音引擎

拓展阅读

新需求爆发，中国智能语音市场迎来黄金期

2023年1月11日，中国语音产业联盟发布了《中国智能语音产业发展报告（2021—2022）》，报告指出，“2022年是智能语音技术突破的关键年”。我国智能语音企业在多项难点技术上实现了新的突破。纵向上从语音识别、合成、翻译向计算机视觉、认知智能、运动智能领域延伸，横向上从单点技术突破模式发展到机器认知、多模式复杂场景应用。

在语音识别方面，视听融合的多模态交互技术成为技术演进的主要方向。科大讯飞多模语音增强技术融合了语音与视觉的多模感知，让高噪声场景下的语音交互跨过使用门槛，率先在车载、会议、地铁购票和医疗挂号等场景落地。此外，针对低资源语音识别难题，海天瑞声和科大讯飞分别从语音数据和算法层面推动技术进步。

在语音合成方面，随着电商直播等行业的繁荣，语音合成技术也表现出拟人化、口语化的发展趋势。科大讯飞多风格、多情感语音合成系统SMART-TTS可提供11种强度可调的情感合成能力。而火山语音的超自然对话语音合成和Meta的语音对语音翻译（speech-to-speech translation，S2ST），通过在模型训练中添加副语言数据，让语音交互更加自然和个性化。

要促进智能语音技术持续突破，专家们从两个方向提出了发展路径。一方面，中国科学院院士姚建铨指出，针对智能语音多学科交叉的学科特性，研究人员需要探索新原理、新机制、新材料、新工艺和新器件，集成创新推动核心技术进步；另一方面，语音技术需要进一步向深度理解延伸。自然语言理解和知识推理技术的进步，让机器可以在越来越多的领域帮助人类解决更专业和更复杂的问题。

任务分组

学生任务分配表

班级		组号		指导老师	
组长		学号			
组员角色分配					
信息员		学号			
操作员		学号			
记录员		学号			
安全员		学号			

（续）

任务分工
（就组织讨论、工具准备、数据采集、数据记录、安全监督、成果展示等工作内容进行任务分工）

工作计划

按照前面所了解的知识内容和小组内部讨论的结果，制定工作方案，落实各项工作负责人，如任务实施前的准备工作、实施中主要操作及协助支持工作、实施过程中相关要点及数据的记录工作等。

工作计划表

步骤	工作内容	负责人
1		
2		
3		
4		
5		
6		
7		
8		

进行决策

1）各组派代表阐述资料查询结果。

2）各组就各自的查询结果进行交流，并分享技巧。

3）教师结合各组完成的情况进行点评，选出最佳方案。

任务实施

完成语音识别相关资料的查询，并填写记录工单。

<table>
<tr><th colspan="2">调研分析语音识别技术实训工单</th></tr>
<tr><th>记录</th><th>完成情况</th></tr>
<tr><td>1. 简述语音识别技术的定义与该领域主要应用技术。

2. 简述语音识别技术的工作原理。

3. 简述语音识别技术在相关行业的应用。

4. 简述语音识别技术的实现流程。

</td><td>已完成□
未完成□</td></tr>
</table>

6S 现场管理			
序号	操作步骤	完成情况	备注
1	建立安全操作环境	已完成□　未完成□	
2	清理及整理工具、量具	已完成□　未完成□	
3	清理及复原设备正常状况	已完成□　未完成□	
4	清理场地	已完成□　未完成□	
5	物品回收和环保	已完成□　未完成□	
6	完善和检查工单	已完成□　未完成□	

评价反馈

1）各组代表展示汇报 PPT，介绍任务的完成过程。

2）以小组为单位，对各组的操作过程与操作结果进行自评和互评，并将结果填入综合评价表中的小组评价部分。

3）教师对学生工作过程与工作结果进行评价，并将评价结果填入综合评价表中的教师评价部分。

综合评价表

<table>
<tr><td>班级</td><td></td><td>组别</td><td></td><td>姓名</td><td></td><td>学号</td><td></td></tr>
<tr><td colspan="2">实训任务</td><td colspan="6"></td></tr>
<tr><td colspan="2">评价项目</td><td colspan="4">评价标准</td><td>分值</td><td>得分</td></tr>
<tr><td rowspan="10">小组评价</td><td>计划决策</td><td colspan="4">制定的工作方案合理可行，小组成员分工明确</td><td>10</td><td></td></tr>
<tr><td rowspan="4">任务实施</td><td colspan="4">简述语音识别技术的定义与该领域主要应用技术</td><td>15</td><td></td></tr>
<tr><td colspan="4">简述语音识别技术的工作原理</td><td>15</td><td></td></tr>
<tr><td colspan="4">简述语音识别技术在相关行业的应用</td><td>15</td><td></td></tr>
<tr><td colspan="4">简述语音识别技术的实现流程</td><td>15</td><td></td></tr>
<tr><td>任务达成</td><td colspan="4">能按照工作方案操作，按计划完成工作任务</td><td>10</td><td></td></tr>
<tr><td>工作态度</td><td colspan="4">认真严谨，积极主动，安全生产，文明施工</td><td>10</td><td></td></tr>
<tr><td>团队合作</td><td colspan="4">小组组员积极配合、主动交流、协调工作</td><td>5</td><td></td></tr>
<tr><td>6S 管理</td><td colspan="4">完成竣工检验、现场恢复</td><td>5</td><td></td></tr>
<tr><td colspan="5">小计</td><td>100</td><td></td></tr>
<tr><td rowspan="7">教师评价</td><td>实训纪律</td><td colspan="4">不出现无故迟到、早退、旷课现象，不违反课堂纪律</td><td>10</td><td></td></tr>
<tr><td>方案实施</td><td colspan="4">严格按照工作方案完成任务实施</td><td>20</td><td></td></tr>
<tr><td>团队协作</td><td colspan="4">任务实施过程互相配合，协作度高</td><td>20</td><td></td></tr>
<tr><td>工作质量</td><td colspan="4">能准确完成任务实施的内容</td><td>20</td><td></td></tr>
<tr><td>工作规范</td><td colspan="4">操作规范，三不落地，无意外事故发生</td><td>10</td><td></td></tr>
<tr><td>汇报展示</td><td colspan="4">能准确表达，总结到位，改进措施可行</td><td>20</td><td></td></tr>
<tr><td colspan="5">小计</td><td>100</td><td></td></tr>
<tr><td colspan="2">综合评分</td><td colspan="5">小组评价分 ×50% ＋教师评价分 ×50%</td><td></td></tr>
<tr><td colspan="8">总结与反思</td></tr>
</table>

（如：学习过程中遇到什么问题→如何解决的 / 解决不了的原因→心得体会）

任务二　认知和处理音频数据

学习目标

- 了解音频数据的定义。
- 了解音频数据的关键概念。
- 了解影响语音信号数据的因素。
- 了解语音信号预处理的常用方法。
- 了解常用语音数据特征提取技术。
- 能够使用 Pyaudio 库和 pymouse 库实现语音控制网页的移动，在实践中培养工程应用、解决问题等职业能力。

知识索引

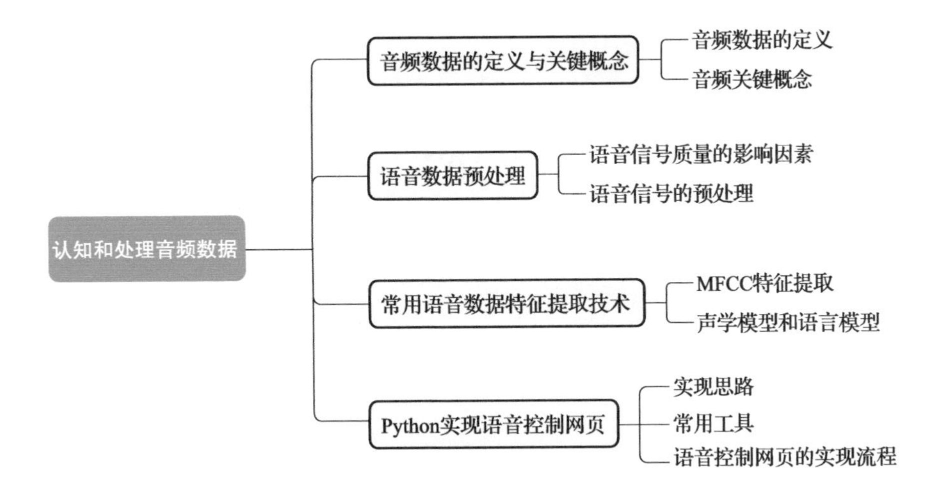

情境导入

第一个设计理念是便捷。你作为公司的语音识别工程师，岗位职责是协助语音识别、合成及对话系统的搭建及测试。现需要你搭建一个能够通过语音控制网页的系统，能够实现通过语音控制网页的移动，使得驾驶员在驾驶或操作车辆时便捷地使用车内网络服务，而不必转移注意力。

获取信息

引导问题 1

下列与音频相关的关键概念有（　　）。

A. 音频格式　　B. 像素　　C. 时域　　D. 频域

音频数据的定义与关键概念

（一）音频数据的定义

音频数据是指以数字格式表示的声音信号，可以是从传声器捕捉到的声音，也可以是从数字音频文件解码的声音。音频的种类多种多样，在研究中一般将音频分为语音、音乐、噪声、静音、环境音等类别。

其中语音又可以分为男声、女声、高音、低音等；音乐可以细分为不同的音乐流派、不同乐器演奏的音乐等；噪声又可以分为环境噪声、系统噪声等；环境音包括动物发声、机械声、自然现象发声等，如图 6–2–1 和图 6–2–2 所示。

图 6–2–1　音乐

图 6–2–2　噪声

（二）音频关键概念

1. 音频格式

想要将录制的音频文件转移到计算机内进行播放，必然需要将音频文件保存为一定的格式，可能还会需要在不同文件格式之间进行格式转换，不同文件格式对原始音频的保存和压缩方式也不尽相同。已有的音频文件的格式很多，主要包括 CD、WAV、MP3、WMA、FLAC 等，如图 6–2–3 所示。

2. 时域和频域

1）时域：是指信号的变化随时间而变化，也就是信号的时间特性。

2）频域：是指信号的变化随频率而变化，也就是信号的频率特性。

时域和频域图示如图 6–2–4 所示。

图 6-2-3　常见的音频格式 WMV、WMA、WAV 等

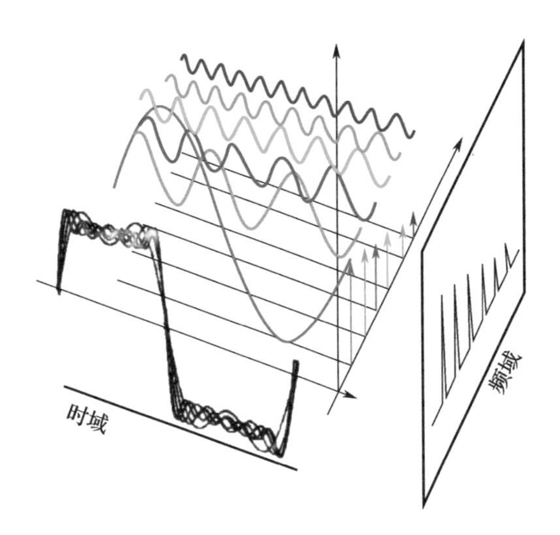

图 6-2-4　时域和频域图示

3. 音调和声音的频率

音调是指声音的高低，而声音的频率是指声音每秒可以完成的周期数，单位是赫兹（Hz）。

4. 采样率

采样率是指在一段时间内采集或记录信号的次数，通常用赫兹（Hz）作为单位，表示每秒采样的次数。在音频领域中，通常使用 44.1kHz 的采样率。这是因为人耳的最高可听频率为 20kHz 左右，采样率要大于它的两倍，同时，这也是 CD 音频的标准采样率。在数字信号处理、图像处理和视频处理等领域中，采样率的选取需要根据具体应用场景和要求进行决策。

5. 采样点

在数学和信号处理领域，采样点是指在某个时间点或时刻对信号进行采样（即取样）所得到的值。这个时间点通常是均匀分布的，即每个采样点之间的时间间隔相等。

6. 声道

声道是指声音传输的通道或路径。在音频系统中，声道通常是指从声源到听者的声音传输路径，包括从传声器或录音设备捕捉声音、通过各种信号处理和调音台进行调整和处理，最终通过扬声器或耳机播放出来的过程。声道数量可以根据需要而变化，常见的有单声道、立体声、5.1 声道、7.1 声道等。在电影院中，声道还包括从电影放映机到扬声器的声音传输路径，如图 6-2-5 所示。

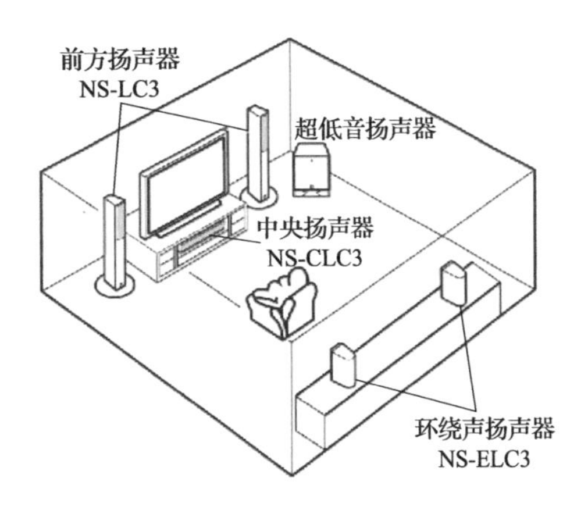

图 6-2-5　不同声道的扬声器设备

7. 采样宽度

采样宽度是数字音频处理中的一个重要参数，也称为量化位数。它指定了一个样本的编码位数，也就是用多少位来表示一个采样值。常见的采样宽度有 8 位、16 位、24 位和 32 位等。

采样宽度的值越大，表示每个采样值被编码的精度越高，音频的动态范围也越大，声音质量也越好，但相应地，占用的存储空间也会更大。例如，使用 16 位采样宽度可以表示 2^{16}（65536）个不同的采样值，而使用 8 位采样宽度只能表示 2^{8}（256）个采样值。

8. 帧移

由于常用的信号处理方法都要求信号是连续的，也就是说信号必须是从开始到结束，中间不能断开。然而进行采样或者分帧后数据都会断开，所以要在帧与帧之间保留重叠部分数据，以满足连续的要求，这部分重叠数据就是帧移。

引导问题 2

查阅相关资料，简述语音数据预处理的常用方法。

____

____

____

语音数据预处理

（一）语音信号质量的影响因素

语音信号质量的影响因素主要有人类发声器官和采集语音信号的设备。

1. 人类发声器官

例如，年龄、健康状况、情绪状态、饮食和环境因素等，这些因素都可能会对语音信号的质量产生影响。

2. 采集语音信号的设备

常见的语音采集设备包括话筒（图 6-2-6）和录音机等，它们的质量和类型都会影响采集到的语音信号的质量。例如，高质量的话筒可以提供更清晰、更准确的语音信号，而低质量的话筒则可能会产生噪声、失真和其他干扰信号，降低语音信号的质量。

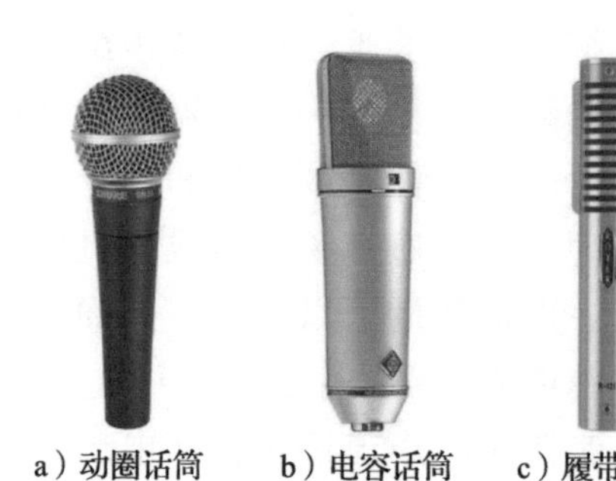
a）动圈话筒　　b）电容话筒　　c）履带话筒

图 6-2-6　不同采集语音信号设备采集到的信号质量不一致

（二）语音信号的预处理

为保证后续语音处理得到的信号更均匀、

平滑，为信号参数提取提供优质的参数，提高语音处理质量，需要对语音信号数据进行预处理。

语音数据预处理的常用方法有预加重、分帧、加窗。

1. 预加重

音频预加重（图 6-2-7）是一种音频信号处理技术。通过对音频信号进行加权，可以提高信号中低频部分的相对强度，并减少高频部分的干扰。

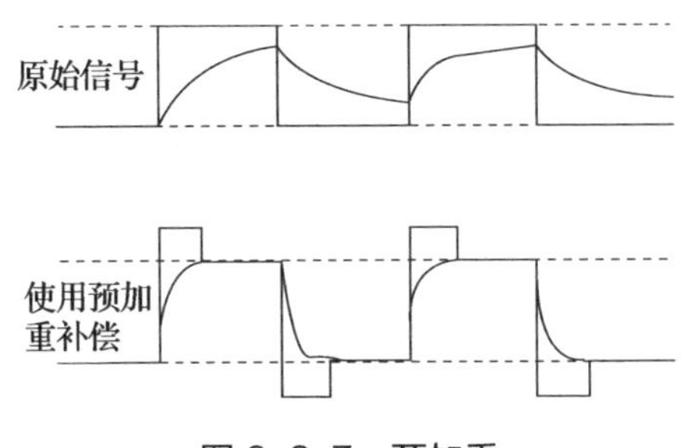

图 6-2-7　预加重

随着信号频率的增加，信号在传输过程中受损很大，为了在接收终端能得到比较好的信号波形，就需要对受损的信号进行补偿。预加重技术的思想就是在传输线的始端增强信号的高频成分，以补偿高频分量在传输过程中的过大衰减。

2. 分帧

音频分帧是音频信号处理的一种常见技术。它通过将音频信号的连续时间划分为多个短的时间段，每个时间段称为一帧，以便对音频信号进行进一步的处理和分析，如图 6-2-8 所示。

分帧可以帮助提高特征提取的精度，消除语音信号中的干扰，并有助于识别说话人的语言。通常，音频分帧的长度设定为几十毫秒到 1s，具体长度取决于应用领域和处理目标。帧长过长会导致信号失真，帧长过短则会增加处理难度和计算复杂度。

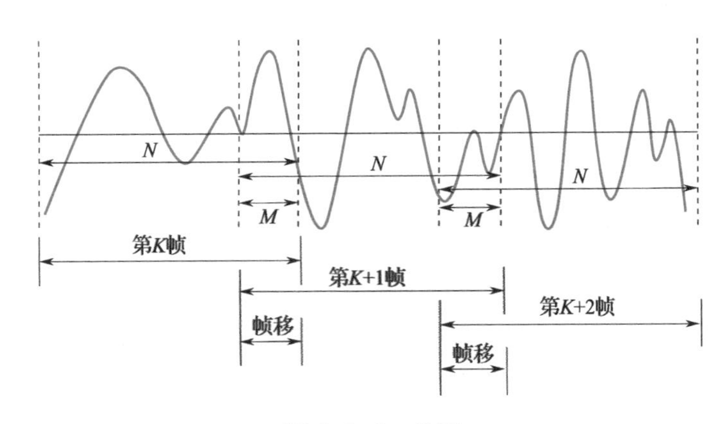

图 6-2-8　分帧

3. 加窗

加窗是指通过对音频信号的一段连续时间应用一个数学函数，以减少信号的频率分量的干扰，这个数学函数称为窗函数。

加窗可以改善音频信号的频谱分析结果，消除信号周期性导致的边缘效应，提高特征提取的精度，从而提高识别的准确率。

处理信号的方法要求信号满足连续条件，但是分帧处理环节信号会被中间断开，为了满足连续条件，将分好的帧数据乘以一段同长度的数据，这段数据就是窗函数在整个周期内的数据，从最小变化到最大，然后到最小。图 6-2-9 所示为加窗图示。

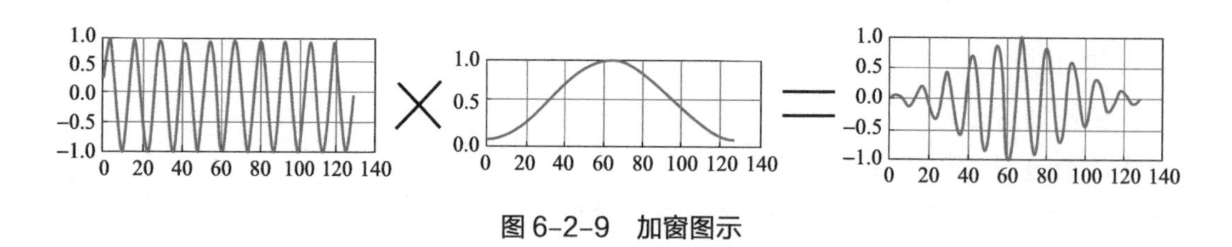

图 6-2-9　加窗图示

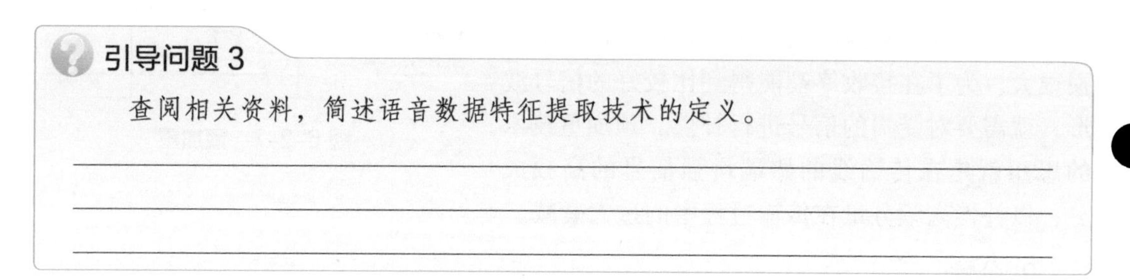

引导问题 3

查阅相关资料，简述语音数据特征提取技术的定义。

常用语音数据特征提取技术

（一）MFCC 特征提取

MFCC（Mel-Frequency Cepstral Coefficients）特征是语音识别领域中广泛使用的一种音频特征表示方法。MFCC 通过将音频信号转换为人类耳朵对声音的感知形式，然后提取这些信息的数学表示，从而使得语音识别系统能够有效地识别语音。

例如，当人听到一个说话的声音时，大脑会对声音的频率和音调进行分析，并将其转换为语言信息。MFCC 正是通过模拟这个过程，将音频信号转换为可识别的特征，从而帮助语音识别系统识别说话人的语言，如图 6-2-10 所示。

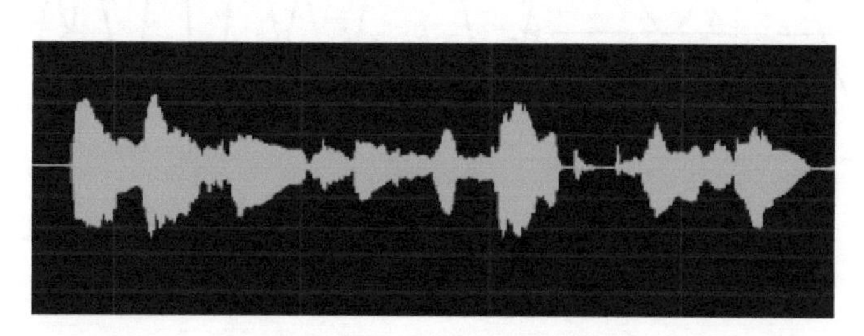

图 6-2-10　通过 MFCC 特征提取后的音频波形图

（二）声学模型和语言模型

声学模型（Acoustic Model）是一种数学模型，用于从音频信号中提取语音特征，并将其映射到语音单元（如音素）。通常，声学模型是基于深度学习技术训练出来的，具有良好的特征提取和语音单元识别能力。

语言模型（Language Model）也是一种数学模型，用于评估语音单元（如音素）组成的语言序列的合理性。语言模型可以通过训练得到，以学习语言的语法和词汇特征。语言模型可以用于解码，以选择最可能的语音单元序列。

在语音识别系统中，声学模型和语言模型结合起来，可以提高语音识别的准确性。例如，声学模型可以生成一组语音单元的候选列表，而语言模型则可以用于评估这些候选语音单元的合理性，并选择最可能的语音单元序列作为最终的语音识别结果。

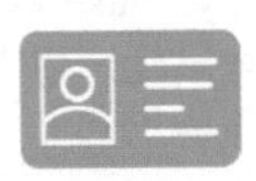

职业认证

人工智能语音应用开发职业技能等级证书（初级）中的数据可视化，涉及通过数据展示工具或数据展示脚本展示语音数据表达的频谱，通过人工智能语音应用开发职业技能等级要求（初级）考核，可获得教育部1+X证书中的《人工智能语音应用开发职业技能等级证书（初级）》。

引导问题4

查阅相关资料，简述Python实现语音控制网页的基本流程。

____

____

____

Python实现语音控制网页

在车辆内部实现语音控制网页，可以方便驾驶员进行车载娱乐、导航和通信等操作。通过语音命令，驾驶员可以实现车载音乐的播放、导航系统的操作、手机的接听和发送短信等功能，从而更加方便和安全地驾驶。使用语音控制网页功能可以控制网页的内容并进行操作。

（一）实现思路

实现思路是使用语音识别技术和传声器设备将用户的语音转换为文本，然后再将文本转换为指令，从而控制网页的内容和操作。

（二）常用工具

Python实现语音控制网页需要用到的工具有Pyaudio库、wave库、pymouse库。语音处理常用库列举见表6-2-1。

表6-2-1 语音处理常用库列举

工具	描述
Pyaudio	Python语言中的一个音频处理库。它允许开发者以Python的方式访问音频设备和流，并且可以进行音频录制、播放、流处理、信号处理等操作。Pyaudio库基于PortAudio音频I/O库，并提供简单易用的API，可以让开发者轻松地完成音频处理任务。同时，Pyaudio库也支持多平台，在Windows、Linux、macOS等系统中都可以使用

（续）

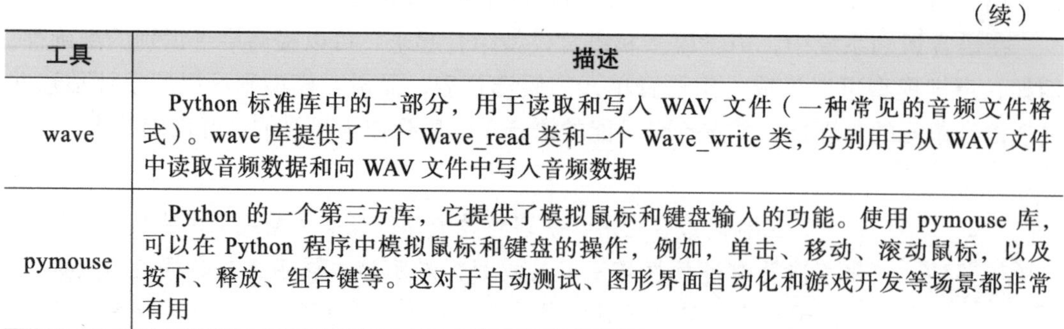

工具	描述
wave	Python 标准库中的一部分，用于读取和写入 WAV 文件（一种常见的音频文件格式）。wave 库提供了一个 Wave_read 类和一个 Wave_write 类，分别用于从 WAV 文件中读取音频数据和向 WAV 文件中写入音频数据
pymouse	Python 的一个第三方库，它提供了模拟鼠标和键盘输入的功能。使用 pymouse 库，可以在 Python 程序中模拟鼠标和键盘的操作，例如，单击、移动、滚动鼠标，以及按下、释放、组合键等。这对于自动测试、图形界面自动化和游戏开发等场景都非常有用

（三）语音控制网页的实现流程

1. 获取音频输入

Pyaudio 获取音频输入流程见表 6-2-2。

表 6-2-2　Pyaudio 获取音频输入流程

序号	描述	实现代码
1	导入 PyAudio 模块	import pyaudio
2	创建 PyAudio 对象	p = pyaudio.PyAudio（）
3	配置音频输入流，其中 input_device_index 为输入设备索引，input_channels 为通道数，input_format 为采样格式，input_rate 为采样率，input_frames_per_buffer 为缓冲区大小	input_device_index = 0 input_channels = 1 input_format = pyaudio.paInt16 input_rate = 44100 input_frames_per_buffer = 1024 input_stream = p.open（input_device_index，input_channels，input_format，input_rate，input_frames_per_buffer，input=True）
4	开始录制音频数据	input_stream.start_stream（）
5	不断从输入流中读取音频数据，可以在其中对音频数据进行处理	while True: 　data = input_stream.read（input_frames_per_buffer） 　# 处理音频数据
6	停止音频输入流，关闭音频输入流，终止 PyAudio 对象	input_stream.stop_stream（） input_stream.close（） p.terminate（）

2. 保存所录入的音频

wave 保存音频流程见表 6-2-3。

表 6-2-3　wave 保存音频流程

序号	描述	实现代码
1	打开一个 WAV 文件并返回一个 Wave_read 对象。file 是文件名或文件对象，mode 是打开模式，常见的模式有 'rb'（只读）和 'wb'（写入）	wave.open（）
2	设置音频数据中的通道数，通常为 1（单声道）或 2（立体声）	Wave_write.setnchannels（）

（续）

序号	描述	实现代码
3	设置音频数据中每个样本的位数，通常为 1（8 位）、2（16 位）或 3（24 位）	Wave_write.setsampwidth( )
4	设置音频数据的采样率，通常为 44100 Hz、22050 Hz 或 16000 Hz	Wave_write.setframerate ( )
5	设置音频数据中的帧数，一帧包含多个样本	Wave_write.setnframes ( )

3. 通过百度语音识别 API 将语音转换成文本

百度语音识别 API 的注册和使用见表 6-2-4。

表 6-2-4　百度语音识别 API 的注册和使用

序号	描述	实现方法 / 代码
1	注册百度开发者账号，并在百度开发者中心创建一个应用。创建应用后，使用者将获得应用的 API Key 和 Secret Key，这些信息将用于使用百度语音 API	注册百度开发者账号并创建应用
2	百度提供了多个 SDK，包括 Java、Python、iOS 和 Android 等，可以根据自己的应用需求选择合适的 SDK，并将其集成到应用中。集成 SDK 后，可以使用其提供的 API 调用百度语音 API	下载 SDK 并集成到应用中

4. 通过鼠标控制库实现对网页的控制

代码中 x 和 y 是鼠标坐标的像素值，button 是一个整数，表示鼠标按钮（1 表示左键，2 表示中键，3 表示右键），dx 和 dy 表示鼠标滚轮在水平和垂直方向上的滚动量。pymouse 库模拟鼠标使用流程见表 6-2-5。

表 6-2-5　pymouse 库模拟鼠标使用流程

序号	描述	实现代码
1	导入 pymouse 模块	import pymouse
2	创建鼠标对象	m = pymouse.PyMouse ( )
3	将鼠标移动到坐标（x，y）	m.move（x，y）
4	返回当前鼠标的坐标	m.position ( )
5	在坐标（x，y）上使用指定的鼠标按钮单击	m.click（x，y，button）
6	在坐标（x，y）上按下指定的鼠标按钮	m.press（x，y，button）
7	在坐标（x，y）上释放指定的鼠标按钮	m.release（x，y，button）
8	滚动鼠标滚轮	m.scroll（dx，dy）

任务分组

学生任务分配表

班级		组号		指导老师	
组长		学号			
组员角色分配					
信息员		学号			
操作员		学号			
记录员		学号			
安全员		学号			
任务分工					
（就组织讨论、工具准备、数据采集、数据记录、安全监督、成果展示等工作内容进行任务分工）					

工作计划

按照前面所了解的知识内容和小组内部讨论的结果，制定工作方案，落实各项工作负责人，如任务实施前的准备工作、实施中主要操作及协助支持工作、实施过程中相关要点及数据的记录工作等。

工作计划表

步骤	工作内容	负责人
1		
2		
3		
4		
5		

进行决策

1）各组派代表阐述资料查询结果。

2）各组就各自的查询结果进行交流，并分享技巧。

3）教师结合各组完成的情况进行点评，选出最佳方案。

任务实施

扫描右侧二维码，了解利用 Python 语言进行语音控制网页的流程。

参考操作视频，按照规范作业要求完成语音控制网页实训的操作，并记录工单。

语音控制网页实训工单		
步骤	记录	完成情况
1	启动计算机设备，打开 pycharm 编译环境	已完成□ 未完成□
2	导入相关库	已完成□ 未完成□
3	录制音频	已完成□ 未完成□
	使用 USB 线束连接计算机和传声器	
	输入命令设置 Pyaudio 容器，调用传声器设备	
	输入命令创建音频流	
4	输入命令开始录音	已完成□ 未完成□
5	输入命令设置音频参数	已完成□ 未完成□
6	输入命令调用百度语音 API	已完成□ 未完成□
7	输入命令获取百度语音 API 返回的信息	已完成□ 未完成□
8	输入命令使用 webbrowser 方法打开网页	已完成□ 未完成□
9	使用 if__name__== "__main__" 方法运行项目代码	已完成□ 未完成□

评价反馈

1）各组代表展示汇报 PPT，介绍任务的完成过程。

2）以小组为单位，对各组的操作过程与操作结果进行自评和互评，并将结果填入综合评价表中的小组评价部分。

3）教师对学生工作过程与工作结果进行评价，并将评价结果填入综合评价表中的教师评价部分。

综合评价表

<table>
<tr><td>班级</td><td></td><td>组别</td><td></td><td>姓名</td><td></td><td>学号</td><td></td></tr>
<tr><td colspan="2">实训任务</td><td colspan="6"></td></tr>
<tr><td colspan="2">评价项目</td><td colspan="4">评价标准</td><td>分值</td><td>得分</td></tr>
<tr><td rowspan="9">小组评价</td><td>计划决策</td><td colspan="4">制定的工作方案合理可行，小组成员分工明确</td><td>10</td><td></td></tr>
<tr><td rowspan="3">任务实施</td><td colspan="4">能够正确检查并设置实训环境</td><td>10</td><td></td></tr>
<tr><td colspan="4">能够完成语音控制网页的实训</td><td>30</td><td></td></tr>
<tr><td colspan="4">能够规范填写任务工单</td><td>20</td><td></td></tr>
<tr><td>任务达成</td><td colspan="4">能按照工作方案操作，按计划完成工作任务</td><td>10</td><td></td></tr>
<tr><td>工作态度</td><td colspan="4">认真严谨，积极主动，安全生产，文明施工</td><td>10</td><td></td></tr>
<tr><td>团队合作</td><td colspan="4">小组组员积极配合、主动交流、协调工作</td><td>5</td><td></td></tr>
<tr><td>6S 管理</td><td colspan="4">完成竣工检验、现场恢复</td><td>5</td><td></td></tr>
<tr><td colspan="5">小计</td><td>100</td><td></td></tr>
<tr><td rowspan="7">教师评价</td><td>实训纪律</td><td colspan="4">不出现无故迟到、早退、旷课现象，不违反课堂纪律</td><td>10</td><td></td></tr>
<tr><td>方案实施</td><td colspan="4">严格按照工作方案完成任务实施</td><td>20</td><td></td></tr>
<tr><td>团队协作</td><td colspan="4">任务实施过程互相配合，协作度高</td><td>20</td><td></td></tr>
<tr><td>工作质量</td><td colspan="4">能准确完成任务实施的内容</td><td>20</td><td></td></tr>
<tr><td>工作规范</td><td colspan="4">操作规范，三不落地，无意外事故发生</td><td>10</td><td></td></tr>
<tr><td>汇报展示</td><td colspan="4">能准确表达，总结到位，改进措施可行</td><td>20</td><td></td></tr>
<tr><td colspan="5">小计</td><td>100</td><td></td></tr>
<tr><td colspan="2">综合评分</td><td colspan="5">小组评价分 ×50% ＋教师评价分 ×50%</td><td></td></tr>
<tr><td colspan="8">总结与反思</td></tr>
</table>

（如：学习过程中遇到什么问题→如何解决的 / 解决不了的原因→心得体会）

任务三　完成语音助手实训

学习目标

- 了解语音助手的原理及发展历程。
- 了解车载语音助手。
- 了解语音助手项目实现流程。
- 了解语音转文本的相关 Python 库。
- 能够使用 Pyaudio 库实现音频数据录入。
- 能够调用百度语音 API 实现语音转文字。
- 能够调用相关机器人 API 实现与语音助手的对话。
- 能够使用 pyttsx3 库实现对话转换成语音。
- 能够实现与所构建的聊天机器人进行对话，培养对技术的兴趣，树立正确的职业理想。

知识索引

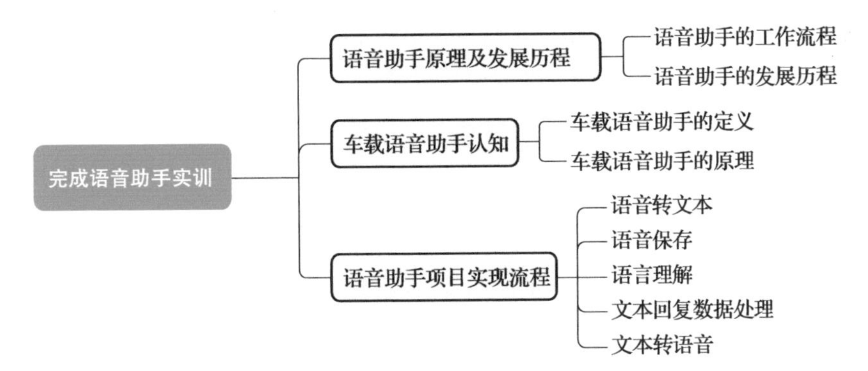

情境导入

第二个设计理念是互动。作为语音交互工程师，你的岗位职责是参与语音交互需求的分析和设计，制定相应的技术实现方案。现需要你使用语音聊天技术构建一个车载语音助手，为驾驶员提供智能化的车内服务，例如，车内控制、导航、音频娱乐、通信、车况查询等。

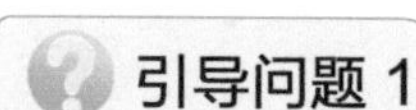

获取信息

引导问题 1

语音助手的基本实现流程有（　　）。

A. 语音转文本　　B. 语言翻译

C. 语音理解　　D. 文本转语音

语音助手原理及发展历程

语音助手是以语音识别技术和语音合成技术为基础，通过语音信息实现人机交互，给用户反馈信息或替代用户及企业执行任务的虚拟助手，如图 6-3-1 所示。

图 6-3-1　市面上常见的语音助手

（一）语音助手的工作流程

语音助手可以理解自然语言，与人类进行双向沟通。与用户进行交互沟通时，语音助手的工作流程如下：语音转文本→语言理解→文本转语音。

1. 语音转文本

通过识别不同的口音和语言将自然语音转换为文本。

2. 语言理解

理解经过转换后的文本中说话者的意图。

3. 文本转语音

将文本转换为合成语音，从而生动地展现文本。

（二）语音助手的发展历程

语音助手的发展历程大致可以分为四个阶段，分别是技术萌芽阶段、技术突破阶段、产业化阶段和快速应用阶段。

1. 技术萌芽阶段（20 世纪 50~70 年代）

该阶段是以孤立、少量的词汇为主的句子识别，并通过关键词匹配实现简单命令操作。其主要的标志是 AT&T 贝尔实验室开发的 Audrey 语音识别系统（图 6-3-2），当识别 10 个英文或数字时，正确率可高达 98%。

图 6-3-2　贝尔实验室开发 Audrey 语音识别系统

2. 技术突破阶段（20 世纪 80 年代）

该阶段语音识别和自然语言处理技术有了较大进展。智能语音技术研究由传统的基于标准模板匹配的技术思路开始转向基于统计模型（HMM）的技术思路，并提出了将神经网络技术引入语音识别问题的技术思路。

3. 产业化阶段（20 世纪 90 年代到 21 世纪初）

该阶段智能语音技术由研究走向实用并开始产业化，以 1997 年 IBM 推出的 ViaVoice 为重要标志（图 6-3-3）。自此，智能语音产品开始进入呼叫中心、家电、汽车等各个领域。

图 6-3-3　1997 年 IBM 推出的 ViaVoice

4. 快速应用阶段（2010 年以后）

该阶段以苹果 Siri 的发布为重要引爆点，智能语音应用领域由传统行业开始向移动互联网等新兴领域延伸。在发达国家，大量的语音识别产品已经进入市场和服务领域并取得很好的效果，例如，苹果 Siri、微软 Cortana 这类集成了视觉和语音信息的内置应用，以及像亚马逊 Echo、谷歌 Home 这类的纯语音设备，如图 6-3-4~ 图 6-3-7 所示。

图 6-3-4　苹果的 Siri 助手

图 6-3-5　微软的 Cortana 助手

图 6-3-6　亚马逊的 Echo 产品图

图 6-3-7　谷歌 Home 产品

引导问题 2

查阅相关资料，简述车载语音助手都有哪些应用。

____

____

____

车载语音助手认知

（一）车载语音助手的定义

车载语音助手是一种车载应用，可以通过语音指令来实现车载设备的控制和操作。它可以帮助驾驶员完成车载设备的安全操作，更方便地使用车载设备，提升驾驶体验。车载语音助手支持语音控制导航、播放音乐、调节空调温度、查询天气等功能。

（二）车载语音助手的原理

车载语音助手的语音交互流程烦琐，涉及从语言学到声学理论等多方面内容，同时在车端的使用需对特殊驾乘场景进行相应适配。语音交互在车端应用过程中，自动语音识别（包含信号输入、降噪以及音素选取等流程）、自然语言处理（包含自然语言理解与自然语言生成，涉及词性标注与文本信息处理）和文本转语音（包含语音的后端拼接合成，同时也是语音拟人化的核心环节）是三个关键环节。图 6-3-8 所示为通过车载语音助手进行日常问话。

图 6-3-8　通过车载语音助手进行日常问话

引导问题 3

查阅相关资料，简述车载语音助手都有哪些应用。

____

____

____

语音助手项目实现流程

（一）语音转文本

使用 Pyaudio 库和传声器设备捕获音频，调用百度 API 实现语音识别转文本。

Pyaudio 是 Python 开源工具包，由名思义，是对语音进行操作的工具包。它提供了录音播放处理等功能，可以视作语音领域的 OpenCV。

百度 API 可通过登录百度 AI 开放平台语音识别网站获取。

（二）语音保存

使用 Python 标准库中的 wave 模块将原始格式的音频数据写入本地文件，并读取 WAV 文件的属性。

（三）语言理解

选用聊天机器人 API 理解经过转换后的文本中说话者的意图，并给出相应的文本回复。

本实训选用国内青云客网络科技有限公司研发的青云客智能聊天机器人 API。

（四）文本回复数据处理

选用 Python json 数据解析库处理 JSON 数据。

Python json 库提供了一种简单的方法将 JSON 数据序列化为 Python 对象，以及将 Python 对象反序列化为 JSON 数据。json 库的使用流程见表 6-3-1。

表 6-3-1 json 库的使用流程

操作	示例
导入 json 库	import json
将 Python 对象转换为 JSON	json.dumps（data）
将 JSON 字符串转换为 Python 对象	json.loads（json_string）
将 JSON 数据写入文件	json.dump（data，file）
从文件中读取 JSON 数据	json.load（file）
处理 JSON 编码异常	json.JSONEncoder（）.encode（data）
处理 JSON 解码异常	json.JSONDecoder（）.decode（json_string）
自定义编码器	json.JSONEncoder（default=my_encoder_function）
自定义解码器	json.JSONDecoder（object_hook=my_decoder_function）

（五）文本转语音

选用 pyttsx3 库将文本转换为合成语音。pyttsx3 是 Python 中的文本到语音转换库。pyttsx3 库的使用流程见表 6-3-2。

表 6-3-2　pyttsx3 库的使用流程

步骤	描述
1	安装 pyttsx3 库。可以使用 pip 安装，如 pip install pyttsx3
2	导入 pyttsx3 模块
3	创建一个 pyttsx3 的引擎对象。可以使用默认的引擎，如 engine = pyttsx3.init（），也可以指定其他参数进行配置
4	设置语音属性。可以设置音量、语速、语调等参数。如 engine.setProperty（'volume', 0.5），engine.setProperty（'rate', 150）
5	使用引擎对象的 say（）方法，将文本转换成语音输出。如 engine.say（'Hello, World!'）
6	使用引擎对象的 runAndWait（）方法，等待语音输出完成。如 engine.runAndWait（）
7	关闭引擎。如 engine.stop（）

任务分组

学生任务分配表

班级		组号		指导老师	
组长		学号			
组员角色分配					
信息员		学号			
操作员		学号			
记录员		学号			
安全员		学号			
任务分工					
（就组织讨论、工具准备、数据采集、数据记录、安全监督、成果展示等工作内容进行任务分工）					

工作计划

按照前面所了解的知识内容和小组内部讨论的结果，制定工作方案，落实各项工作负责人，如任务实施前的准备工作、实施中主要操作及协助支持工作、实施过程中相关要点及数据的记录工作等。

工作计划表

步骤	工作内容	负责人
1		
2		
3		
4		
5		

进行决策

1）各组派代表阐述资料查询结果。

2）各组就各自的查询结果进行交流，并分享技巧。

3）教师结合各组完成的情况进行点评，选出最佳方案。

任务实施

语音助手实训

扫描右侧二维码，了解搭建语音助手的流程。

参考操作视频，按照规范作业要求完成搭建语音助手实训的操作，并记录工单。

语音助手实训工单		
步骤	记录	完成情况
1	启动计算机设备，打开 pycharm 编译环境	已完成□ 未完成□
2	通过 USB 线束连接传声器设备和计算机	已完成□ 未完成□
3	创建百度语音识别 API 函数	已完成□ 未完成□
	输入命令设置百度语音识别 API 网址	
	输入命令设置百度语音识别 API 账号	
	输入命令设置百度语音识别 API 密钥	
	输入命令集成百度语音识别网址、账号、密钥在同一参数里	
4	创建文件保存函数	已完成□ 未完成□
	输入命令设置音频采样率	
	输入命令设置音频采样点	
	输入命令设置音频采样声道	
	输入命令设置音频采样宽度	

（续）

步骤	记录	完成情况
4	输入命令设置文件保存路径	已完成□　未完成□
	输入命令打开保存路径中的文件	
	输入命令为音频采样率赋值	
	输入命令为音频采样点赋值	
	输入命令为音频采样通道赋值	
	输入命令为音频宽度赋值	
	输入命令将音频写入文件	
	输入命令将文件关闭	
5	创建音频录取函数	已完成□　未完成□
	导入 Pyaudio 库	
	输入命令创建 Pyaudio 类	
	输入命令创建一个音频输入流	
	输入命令创建空列表用于存储实时录制的音频	
	获取当前时间戳	
	输入命令输出“正在录音”	
	以时间为限制条件创建 while 循环	
	输入命令创建循环体，实现音频输入流的开始录取	
	输入命令输出“录音结束”	
	输入命令进行请求回复动作	
	输入命令导入回复数据	
6	创建语音转文本函数	已完成□　未完成□
	输入命令创建音频读取函数	
	输入命令创建字典 data，设置关键参数	
	输入命令设置百度语音识别 API 网址	
	输入命令输出“正在识别”	
	创建 if else 选择语句，返回识别到的语音	
	识别结果中包含关键词“退出”则结束运行	
7	运行程序进行语音识别	已完成□　未完成□
8	使用传声器进行对话	已完成□　未完成□

评价反馈

1）各组代表展示汇报 PPT，介绍任务的完成过程。

2）以小组为单位，对各组的操作过程与操作结果进行自评和互评，并将结果填入综合评价表中的小组评价部分。

3）教师对学生工作过程与工作结果进行评价，并将评价结果填入综合评价表中的教师评价部分。

综合评价表

班级		组别		姓名		学号	
实训任务							
评价项目		评价标准				分值	得分
小组评价	计划决策	制定的工作方案合理可行，小组成员分工明确				10	
	任务实施	能够正确检查并设置实训环境				10	
		完成搭建语音助手的实训				30	
		能够规范填写任务工单				20	
	任务达成	能按照工作方案操作，按计划完成工作任务				10	
	工作态度	认真严谨，积极主动，安全生产，文明施工				10	
	团队合作	小组组员积极配合、主动交流、协调工作				5	
	6S 管理	完成竣工检验、现场恢复				5	
	小计					100	
教师评价	实训纪律	不出现无故迟到、早退、旷课现象，不违反课堂纪律				10	
	方案实施	严格按照工作方案完成任务实施				20	
	团队协作	任务实施过程互相配合，协作度高				20	
	工作质量	能准确完成任务实施的内容				20	
	工作规范	操作规范，三不落地，无意外事故发生				10	
	汇报展示	能准确表达，总结到位，改进措施可行				20	
	小计					100	
综合评分		小组评价分 ×50% ＋教师评价分 ×50%					
总结与反思							

（如：学习过程中遇到什么问题→如何解决的 / 解决不了的原因→心得体会）

任务四　完成汽车警报识别实训

学习目标

- 了解音频分类的定义。
- 了解音频分类的类别。
- 了解音频分类技术的应用。
- 了解音频分类的流程及其 Python 相关工具。
- 了解汽车紧急警报识别技术的定义。
- 了解汽车紧急警报识别的现有解决方案。
- 能够使用 Keras 框架实现汽车紧急警报识别器的构建和部署，树立开拓创新的职业习惯。

知识索引

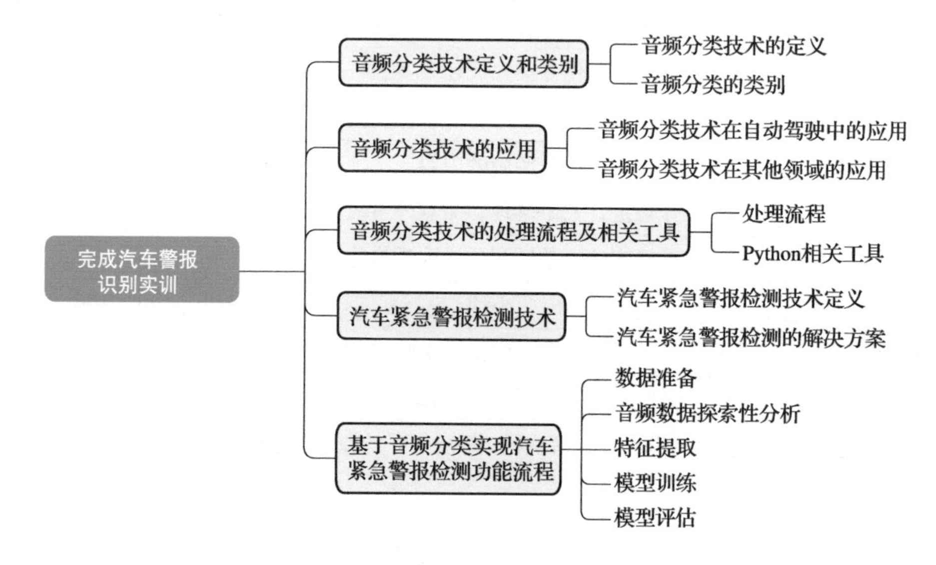

情境导入

第三个设计理念是安全。你作为公司的语音算法工程师，岗位职责是研究和开发语音识别、语音合成、自然语言理解等语音技术算法，提高语音技术的性能和效果。现你手上有一份不同类别紧急警报声音数据，需要你构建一个音频分类模型，能够识别不同类型的汽车紧急警报并将其进行实时部署。

获取信息

引导问题 1

查阅相关资料，简述音频分类的定义。

____

____

____

音频分类技术定义和类别

（一）音频分类技术的定义

音频分类是指根据给定音频分配标签或类别的技术，如图 6-4-1 所示。

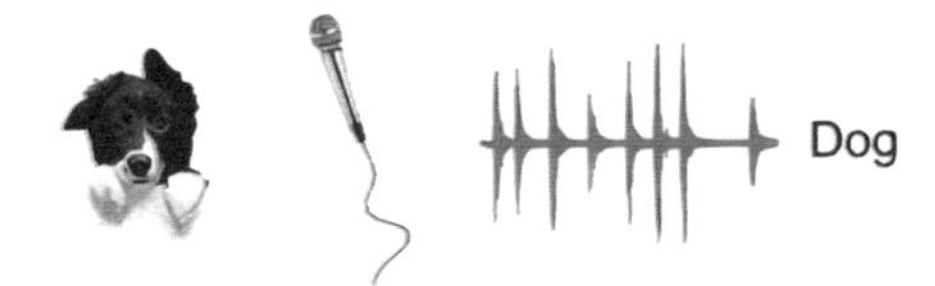

图 6-4-1　音频分类——识别狗的声音

（二）音频分类的类别

音频分类可以有多种类型和形式，例如，声学数据分类（或声学事件检测）、音乐分类、自然语言分类和环境声音分类。

1. 声学数据分类

声学数据分类也称为声学事件检测，这种类型的分类可以识别音频信号的场景。这意味着可以区分餐厅、学校、家庭、办公室、街道等场景。声学数据分类的另一种用途是为音频多媒体建立和维护声音库。

2. 环境声音分类

这是对不同环境中的声音进行分类。例如，识别汽车和城市声音样本，如汽车喇叭声、道路施工声、警报器声、人声等，以及安全系统中用于检测玻璃破碎等声音，如图 6-4-2 所示。

图 6-4-2　环境声音分类

3. 音乐分类

音乐分类是指根据流派或演奏的乐器等因素对音乐进行分类的过程。这种分类在按流派组织音频库、改进推荐算法以及通过数据分析发现趋势和听众偏好方面发挥着关键作用，如图 6-4-3 所示。

4. 自然语言分类

自然语言分类是指基于口头语言、方言、语义或其他语言特征进行分类，换句话说，即人类语音的分类，如图 6-4-4 所示。这种音频分类常见于聊天机器人和虚拟助手，同时在机器翻译和文本到语音的应用中也很普遍。

图 6-4-3　识别不同音乐的乐器种类

图 6-4-4　中国各地特色方言分类

引导问题 2

查阅相关资料，简述音频分类技术的应用。

____

____

____

音频分类技术的应用

（一）音频分类技术在自动驾驶中的应用

音频分类在自动驾驶领域应用广泛，主要用于紧急警报检测和发动机声音异常检测。

1. 紧急警报检测

可以使用各种深度学习模型和机器学习模型检测紧急车辆（如救护车、消防车或警车）的警报声，从而决定是否应该靠边停车，让紧急车辆通过。

2. 发动机声音异常检测

自动驾驶汽车必须具备预先检测出发动机可能出现故障的功能。汽车发动机在正常情况下和在出现故障时，其工作时发出的声音有一定的区别。而 k-means 聚类中许多机器学习算法可用于检测发动机声音中的异常。在 k-means 聚类中，声音的每个数据点都被分配到 k 组聚类中。而异常发动机声音的数据点将落在正常集群之外，成为

（续）

序号	步骤	Keras 代码示例
7	添加全连接层	model.add（Dense（units=128，activation='relu'））
8	添加输出层	model.add（Dense（units=num_classes，activation='softmax'））
9	编译模型	model.compile（optimizer='adam'，loss='categorical_crossentropy'，metrics=['accuracy']）
10	训练模型	model.fit（x_train，y_train，epochs=10，validation_data=（x_val，y_val））
11	评估模型	test_loss，test_acc = model.evaluate（x_test，y_test）

引导问题 4

查阅相关资料，简述汽车紧急警报检测技术。

____

____

____

汽车紧急警报检测技术

（一）汽车紧急警报检测技术定义

紧急警报检测是一种利用传感器、音频处理和人工智能来检测和识别紧急警报声音的技术。它可以用来提醒自动驾驶汽车有紧急车辆的存在，使它们能够迅速做出反应，如图 6-4-7 所示。

图 6-4-7　道路上的自动驾驶汽车感知到救护车警报为其让道

（二）汽车紧急警报检测的解决方案

1. 汽车紧急警报检测可以采用声音检测技术

通过安装在汽车内部的传声器，将汽车内部的声音信号转换为电信号，然后通过特定的算法进行处理，以判断是否发生紧急警报。

2. 汽车紧急警报检测也可以采用图像处理技术

安装在汽车内部的摄像头可以将汽车内部的图像信号转换为电信号，然后通过特定的算法进行处理，以判断是否发生紧急警报。

3. 汽车紧急警报检测还可以采用传感器技术

安装在汽车内部的气体传感器，如烟雾传感器等，通过测量汽车内部的气体浓度或烟雾浓度，判断是否发生紧急警报。

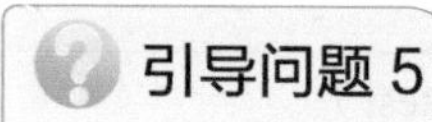
引导问题 5

查阅相关资料，简述 Python 如何实现音频分类。

____

____

____

基于音频分类实现汽车紧急警报检测功能流程

（一）数据准备

选用 Emergency Vehicle Siren Sounds 数据集。该数据集收集了来自不同品牌和型号的警报器的音频，共有 11 个类别，每个类别有超过 200 个音频文件。所有音频文件的采样率为 44.1kHz，每个文件的时长为 2s，文件格式为 .wav。

（二）音频数据探索性分析

选用 Librosa 库对采集的音频数据进行探索性分析。

（三）特征提取

使用 librosa.load 函数读取音频文件，并返回音频数据 y 和采样率 sr。然后使用 librosa.feature.mfcc 函数计算 MFCC 特征。该函数的参数包括：y：音频数据；sr：采样率；n_mfcc：要提取的 MFCC 特征的数量。

（四）模型训练

使用 Keras 搭建卷积神经网络，实现音频分类模型的构建。

（五）模型评估

分类模型使用混淆矩阵、准确率、召回率等指标来评估模型的性能，确定模型的准确度。

在 sklearn 中，使用 sklearn.metrics. accuracy_score 和 sklearn.metrics. confusion_matrix 命令实现模型评估。

任务分组

学生任务分配表

班级		组号		指导老师	
组长		学号			
组员角色分配					
信息员		学号			
操作员		学号			
记录员		学号			
安全员		学号			
任务分工					
（就组织讨论、工具准备、数据采集、数据记录、安全监督、成果展示等工作内容进行任务分工）					

工作计划

按照前面所了解的知识内容和小组内部讨论的结果，制定工作方案，落实各项工作负责人，如任务实施前的准备工作、实施中主要操作及协助支持工作、实施过程中相关要点及数据的记录工作等。

工作计划表

步骤	工作内容	负责人
1		
2		
3		
4		
5		

进行决策

1）各组派代表阐述资料查询结果。

2）各组就各自的查询结果进行交流，并分享技巧。

3）教师结合各组完成的情况进行点评，选出最佳方案。

任务实施

扫描右侧二维码，了解利用音频分类技术实现汽车紧急警报检测功能的流程。

参考操作视频，按照规范作业要求完成基于音频分类技术的汽车紧急警报检测功能的操作，并记录工单。

基于音频分类实现汽车紧急警报检测实训工单		
步骤	**记录**	**完成情况**
1	启动计算机设备，打开 Jupyter Notebook 编译环境	已完成□　未完成□
2	导入相关库	已完成□　未完成□
3	导入数据	已完成□　未完成□
4	**数据探索性分析**	已完成□　未完成□
	输入命令可视化救护车音频数据	
	输入命令可视化警车音频数据	
	输入命令可视化火灾警报音频数据	
5	**音频数据特征提取**	已完成□　未完成□
	输入命令使用梅尔谱系数提取每个音频的特征	
	输入命令对音频数据标签进行标签编码	
6	**数据适配**	已完成□　未完成□
	输入命令进行数据集划分	
	输入命令修改数据集形状，使其适配卷积神经网络模型	
7	**构建模型**	已完成□　未完成□
	输入命令自定义 CNN 函数，选定参数 optimizer、activation、dropout_rate	
	输入命令添加卷积层。为卷积层添加 dropout，为卷积层添加 MaxPooling	
	输入命令设置第二层卷积层。为卷积层添加 dropout，为卷积层添加 MaxPooling	
	输入命令设置第三层卷积层。为卷积层添加 dropout，为卷积层添加 MaxPooling	
	输入命令设置池化层。为池化层添加 dropout，为池化层添加 MaxPooling	
	输入命令设置输出层	
8	输入命令进行模型训练，设置 EarlyStopping 策略	已完成□　未完成□
9	输入命令保存训练好的模型	已完成□　未完成□

（续）

步骤	记录	完成情况
10	**模型转化** 在计算机终端使用 OpenVINO 将模型转换为中间文件	已完成□ 未完成□
11	导入已转换好的中间文件	已完成□ 未完成□
12	**实时读取音频**	已完成□ 未完成□
	使用 USB 线束连接传声器和计算机	
	调试传声器设备	已完成□ 未完成□
	输入命令设置音频参数	
	输入命令创建音频获取函数，创建 Pyaudio 类	
	输入命令设置音频空列表，获取当前时间的 Unix 时间戳	
	输入命令创建循环函数，开始循环录音	
	输入命令关闭录音流	
13	**模型实时推理**	已完成□ 未完成□
	输入命令导入 OpenVINO core 类	
	输入命令读取转换后的模型	
	输入命令指定用于推理的设备和模型	
	输入命令获取模型的第一个输出	
	输入命令使用梅尔谱系数对实时录音流进行特征提取	
	输入命令适配特征提取后的音频数据	
	输入命令对处理后的音频数据进行实时推理，显示获取到的音频的类别	

评价反馈

1）各组代表展示汇报 PPT，介绍任务的完成过程。

2）以小组为单位，对各组的操作过程与操作结果进行自评和互评，并将结果填入综合评价表中的小组评价部分。

3）教师对学生工作过程与工作结果进行评价，并将评价结果填入综合评价表中的教师评价部分。

综合评价表

班级		组别		姓名		学号	
实训任务							
评价项目		评价标准				分值	得分
小组评价	计划决策	制定的工作方案合理可行，小组成员分工明确				10	
	任务实施	能够正确检查并设置实训环境				10	
		完成基于音频分类技术实现汽车紧急警报检测功能的实训				30	
		能够规范填写任务工单				20	
	任务达成	能按照工作方案操作，按计划完成工作任务				10	
	工作态度	认真严谨，积极主动，安全生产，文明施工				10	
	团队合作	小组组员积极配合、主动交流、协调工作				5	
	6S 管理	完成竣工检验、现场恢复				5	
	小计					100	
教师评价	实训纪律	不出现无故迟到、早退、旷课现象，不违反课堂纪律				10	
	方案实施	严格按照工作方案完成任务实施				20	
	团队协作	任务实施过程互相配合，协作度高				20	
	工作质量	能准确完成任务实施的内容				20	
	工作规范	操作规范，三不落地，无意外事故发生				10	
	汇报展示	能准确表达，总结到位，改进措施可行				20	
	小计					100	
综合评分		小组评价分 ×50% ＋教师评价分 ×50%					
总结与反思							

（如：学习过程中遇到什么问题→如何解决的 / 解决不了的原因→心得体会）

参考文献

[1] 古德费洛，本古奥，库维尔. 深度学习[M]. 赵申剑，等译. 北京：人民邮电出版社，2017.

[2] 周志华. 机器学习[M]. 北京：清华大学出版社，2016.

[3] 王晓华. TensorFlow语音识别实战[M]. 北京：清华大学出版社，2021.

[4] 车万翔，郭江，崔一鸣. 自然语言处理：基于预训练模型的方法[M]. 北京：电子工业出版社，2021.

[5] 埃尔根迪. 深度学习计算机视觉[M]. 刘升容，安丹，郭平平，译. 北京：清华大学出版社，2022.

[6] 赖红波，赵逸维. 全球视角下中国人工智能研究可视化分析[J]. 科研管理，2023, 44 (1): 8.

[7] 张益民，朱凤华. 人工智能3.0中的机器学习方法[J]. 智能科学与技术学报，2022, 4 (4): 542–543.

[8] 王鹏，神和龙，尹勇，等. 基于深度学习的船舶驾驶员疲劳检测算法[J]. 交通信息与安全，2022, 40 (1): 1–9.

[9] 许骞艺. 基于深度学习的驾驶员行为识别方法研究[D]. 长春：吉林大学，2021.

[10] 张黎. 面向语音交互的车载人机界面交互设计研究与应用[D]. 北京：北京邮电大学，2021.

[11] 屈晓渊，崔青. 基于梅尔频率倒谱系数的音频分类研究[J]. 电子设计工程，2022, 30 (9): 82–87, 92.

[12] 杨超. 自动驾驶汽车行为预测综述[J]. 汽车文摘，2022 (10): 11–18.

[13] 肖扬. 基于产品画像的汽车推荐研究[D]. 大连：大连外国语大学，2022.